U0573246

不再争吵

高冲突伴侣
如何重建亲密关系

[美]艾伦·E.弗卢泽蒂 著

林静 译

天地出版社
TIANDI PRESS

图书在版编目（CIP）数据

不再争吵：高冲突伴侣如何重建亲密关系 /（美）艾伦·E. 弗卢泽蒂著；
林静译.—成都：天地出版社，2021.7（2021年10月重印）
ISBN 978-7-5455-6306-1

Ⅰ.①不… Ⅱ.①艾… ②林… Ⅲ.①关系心理学-研究 Ⅳ.①B84-049

中国版本图书馆CIP数据核字（2021）第051727号

THE HIGH-CONFLICT COUPLE: A DIALECTICAL BEHAVIOR THERAPY GUIDE TO
FINDING PEACE, INTIMACY, AND VALIDATION By ALAN E. FRUZZETTI, PH.D.
Copyright: © 2006 BY ALAN E. FRUZZETTI
This edition arranged with NEW HARBINGER PUBLICATIONS through BIG APPLE AGENCY,
INC., LABUAN, MALAYSIA.
Simplified Chinese edition copyright:
2021 East Babel (Beijing) Culture Media Co. Ltd (Babel Books)
All rights reserved.

著作权登记号　图字：21-2021-187

BU ZAI ZHENGCHAO: GAO CHONGTU BANLV RUHE CHONGJIAN QINMI GUANXI

不再争吵：高冲突伴侣如何重建亲密关系

出 品 人	杨　政
作　　者	[美]艾伦·E. 弗卢泽蒂
译　　者	林　静
责任编辑	孟令爽
封面设计	今亮后声
内文排版	胡凤翼
责任印制	王学锋

出版发行　天地出版社
　　　　　（成都市槐树街2号 邮政编码：610014）
　　　　　（北京市方庄芳群园3区3号 邮政编码：100078）
网　　址　http://www.tiandiph.com
电子邮箱　tianditg@163.com
经　　销　新华文轩出版传媒股份有限公司

印　　刷　天津画中画印刷有限公司
版　　次　2021年7月第1版
印　　次　2021年10月第3次印刷
开　　本　880mm×1230mm 1/32
印　　张　9.25
字　　数　205千字
定　　价　49.00元
书　　号　ISBN 978-7-5455-6306-1

谨以此书献给

我的导师玛莎·M. 莱茵汉博士

与已故的尼尔·S. 雅各布森博士

推荐序

玛莎·M.莱茵汉　博士

　　没有哪一段感情会一直一帆风顺，恰恰相反，所有的亲密关系中都有冲突和过度的消极情绪，而感情中的问题总会在某个时刻影响每一个人。一段高冲突的感情令人筋疲力尽，会使双方都感到痛苦、孤独。生长在冲突严重的家庭中的孩子更有可能出现心理问题，甚至会产生自杀倾向。这本书探讨了如何改善爱人间的亲密关系，从而使我们的家庭更加幸福。

　　该书是根据辩证行为疗法（Dialectical Behavior Therapy，简称DBT）的原则编写的。该疗法是由华盛顿大学首创的心理治疗方法，其治疗效果已经被大量临床实践所证实。该书作者艾伦·E.弗卢泽蒂是首个DBT治疗团队的成员，他和团队中的其他成员为DBT提供了第一个批判性反馈。该疗法能发展至今，他们功不可没。艾伦有 20 年的 DBT 相关工作经验，他将该疗法教授给伴侣、不同家庭的成员和青少年，并根据这些人群的实际情况对 DBT 进行相应的调整。然而，目前几乎所有关于 DBT 的研究都集中在如何将该疗法应用于个体身上，很少涉及家庭层面的研究。可以说，目前关于如何将 DBT 应用于伴侣和家庭关系上的文献寥若晨星。

弗卢泽蒂博士是一位伴侣，家庭心理治疗和亲密关系研究方面的专家。他在该研究领域中走在前列，开拓性地将正念、情绪调节、准确表达和合理化认同整合成一套条理清晰的方案。他撰写了数十篇专业论文，参与编写多部专著。这些作品的内容不仅包括对 DBT 理论自身的探讨，也包括从 DBT 的角度分析伴侣、家人之间的互动和治疗方案。在该书中，弗卢泽蒂博士将他在伴侣关系治疗上的专长与在 DBT 方面的专业知识结合在了一起。

该书采纳了辩证行为疗法中非评判的方法，以提高对自我和伴侣的接受度。这种方法可以帮读者掌握对自身和伴侣的正念，提高自我合理化认同。

同时，该书也着眼于改变，例如减少对自身和伴侣行为的非合理化认同和消极反应，以及增强对本人情绪的自我调整能力，提高表达自己感受和行为的能力，培养更有效处理问题的技能。此外，该书还着重介绍了接受策略和改变策略及其融合，以期切实地帮助读者提升对自己或他人的合理化认同能力。

必须指出的是，该书建立在完备的心理学原理和研究的基础上，其中包括对基本情绪过程的研究、伴侣互动研究以及大量辩证行为疗法的评估性研究。由于真正建立在研究基础上的同类书籍少之又少，因此该书自然脱颖而出，显得出类拔萃。

对于那些在感情关系中遍体鳞伤却仍满怀希望的配偶或伴侣来说，该书所介绍的方法能充分照顾到他们的需求。对于亲密关系中出现的种种问题，该书提供了贴心而实际的方法和练习，从而帮助读者减少破坏性冲突，让感情更加和谐、甜蜜。

作者介绍：玛莎·M.莱茵汉博士是美国华盛顿州西雅图市华盛顿大学心理学教授、行为研究与治疗诊所主任。她著有《边缘人格障碍的认知行为疗法》《边缘人格障碍治疗手册》等书。

第四部分　如何解决感情中出现的问题

第五部分　如何放下问题所带来的心理痛苦

第一部分

如何控制失控的情绪

第 1 章

理解亲密关系中的情绪

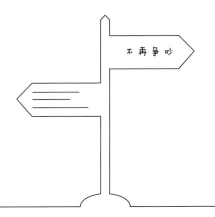

为什么有时候我们会对自己最爱的人说出最恶毒的话？为什么有时候看似简单的讨论却以大吼大叫告终？我们曾发誓再也不会恶言相向，却为什么总是重蹈覆辙？是什么让相爱的人们有时感到只要靠近对方就焦虑异常，或对重要的事情避而不谈？还有，我们要怎样学会改变长期的破坏性冲突模式，培养控制负性情绪和破坏性冲动的能力，学会如何交谈和倾听，从而带来理解、认同、协商和亲近？本书要解决的正是这些问题。

　　每个人在激烈的争吵过后，只需要几分钟或几小时就能明白过来：吵架只会让事情变得更糟，自己想要的更加得不到。然而不知为何，我们还是恶言相向，彼此伤害，甚至在吵架时还存心伤害对方。然而当情绪恢复正常时，内疚、自责、悔恨、委屈和悲伤就会涌上心头。也许我们能用道歉来挽回感情，但类似的情况还是会一再发生。伴侣间的破坏性冲突会侵蚀感情，令双方都痛苦不堪。

　　本书的核心思想是，高唤起（不可控制）的负性情绪，即情绪失调，是高冲突伴侣的核心问题。伴侣双方可以通过学习特定的技巧来有效控制情绪，从而实现有效的沟通（即通过准确地表达自己来获得理解与合理化认同）。只要勤加练习，伴侣之间的关系就可以从紧张转化为亲近，从此亲密无间，消除伤痛，幸福生活。

情绪和高情绪唤起

负面情绪唤起过高时，易产生高冲突

　　情绪的复杂程度远超大多数人的理解。导致情绪失调的原因有很多，其中一个是我们谈论情绪的方式。我们谈及情绪时总把它当成某种物品（就像一个名词），而非我们一直身处其中的行为过程。然而，情绪其实是相当复杂的过程，就如同走路或说话，是我们实实在在一直在进行的行为。这不仅会影响我们内心的其他活动，也会影响他人。比起理解情绪，把"思想"这个词概念化成一种活动要更容易些。当我们产生一个想法的时候，我们能够意识到这个想法只是一段漫长过程中的一个瞬间、一小部分。我们可以用同样的方法把"情绪"概念化。也就是说，当我们感受到一种情绪时，我们只是在一段漫长的情感过程中经历着一个瞬间。但遗憾的是，对于这个过程，也就是产生情绪的完整系统，目前还没有一个令人满意的专业术语来指代它。

情绪如何运作

我们的情绪系统是由许多部分构成的。首先，我们身边每时每刻都发生着形形色色的活动，如视觉和听觉，以及其他物理世界与社交世界中的活动。与此同时，我们内心也在发生各种活动，如记忆、想象、思维、感觉等。这些活动与注意力、感官系统（感官系统使得我们能够意识到正在发生的事）一起发生作用，直接影响着我们的情绪。其次，日益发展的神经科学表明，我们大脑中的各种生理和生化过程也在影响情绪。但我们在多大程度上能够感知到自己的情绪，我们又如何描述这些情绪，描述是否准确，以及我们如何表露情绪，这些因素也同样深刻地左右着我们的情绪。最后，其他人的回应，特别是和我们关系亲近的人的反应，也对我们的情绪走向影响很大。其中一些反应，比如对我们所经历的事表示理解和合理化认同，能安抚我们濒临崩溃的情绪。然而若是有人对我们所经历的事加以批评或否定，他的行为则像是在我们敞开的伤口上撒了一把盐。

情绪失调与失控行为

情绪唤起直接影响思维和身体动作等其他系统的运作。因此，我们在调节或管理情绪时，也在调节自己有效思考和行动的能力，使我们能在感情、工作和其他活动中取得进展。近一百年来，人们已经知道低等到中等强度的压力和负性情绪唤起能使人们思维敏捷、专注，无论在哪种类型的任务中都能实质性地提高自我控制能力和工作表现力。但是，一旦压力和情绪唤起的强度超过中等水平，自我控制能力和表现力反而开始下降。当情绪唤起达到一定程度时，我们就会只想着逃避这种可怕的高水平负性情绪状态。这个过程可能耗时良久，但也可能就在转瞬之间。

无论如何，一旦我们把逃避当成目标，就可以认为自己已经失控了。请注意，在这里，"失控"并不是一个贬义词。失控指的是一种自然的状态，在这种状态下，我们不能头脑清醒地思考或行动，我们不再专注于自己的长期目标，而是越来越希望马上降低压力和负性情绪唤起。可以说，在我们开始把注意力转向逃避的那一刻，情绪失调就开始了。而当情绪开始失调时，我们的认知能力和其他自控能力就会受到干扰。

因此，情绪失调和情绪低落并不相同。情绪低落的时候，你一般还能够做出有效的决策，可以避免口不择言，也可以用其他方式控制自己的行为，使得自己和他人的感情更加融洽，生活也更加美好，而不是一味地用一种伤害对方、让冲突升级或其他从长远来看只会让事态恶化的方式来逃避这种糟心的情况。

上至破坏性极强的攻击行为，下至破坏性较小的言语刻薄、逃避困境等行为，这种情绪失调或失控行为在现实生活中屡见不鲜。举个例子，如果一个人对自己的伴侣唠唠叨叨、吹毛求疵，对方的情绪唤起水平就会升高。被唠叨的人甚至会忘记自己和这个满腹牢骚的人依然相爱。有时候被唠叨的人能提前预感到自己的情绪即将失控，但有时候他瞬间就无法再保持平衡的心态，也会用刻薄难听的话回敬对方。这里的重点并不是说用批评来反馈对方的批评不理智或不公平，这种行为也有可能是合理的。但这种方式会使双方的个人感情和两人的关系都受到伤害。如果双方都能改变应对的方式，那么无论是个人幸福还是双方的感情都能更进一步。

读到这些，你可能会想："你的意思是我就该做一个受气包，任人欺负吗？"这是一个好问题，但答案是否定的。在逆来顺受和彼此伤害这两条路之间，还有第三条或者说折中的路可以走：打破这种循环，用一种既能缓解冲突，又不伤害自尊的方式作出回应。为了做到这一点，你首先必须了解自己为什么会陷入这种一触即发的局面中，以及是什么使你产生负性情绪反应，在伴侣行为恶劣、令人不快的时候选择了用同样的方式作出回应。

对负性情绪体验的易感性

以下几个因素使你容易受到高度负性的情绪刺激：你对人际事件、伴侣或他人的言行的敏感性；情绪反应性，也就是你感觉到压力性或负性事件时的反应强烈程度；情绪平息或情绪均衡所需时长，即在情绪上恢复"正常"状态所需的时间。

敏感性

正如有些人的听力、味觉或其他感官比一般人更敏感，也有些人在情绪上比一般人更加敏感。在低敏感性人群甚至还没意识到自己的感觉之前，这些拥有更高情绪敏感性的人就能辨别对方的感觉。如果处理不当，这种情绪敏感性之间的差异就可能导致两者之间的对话出现尴尬。高情绪敏感性的人似乎能凭直觉理解他人的感受和应对方式等，而低情绪敏感性的人有时就很难理解他人的感受。如果你要和低情绪敏感性的人交谈，为了能得到感情上的支持和回应，你就得费尽唇舌不断解释，把要求表达得更加直接具体。低情绪敏感性使伴侣感觉自己受到了误解，也导致他们误认为对方不关心自己。

更复杂的是，人们有可能只对某些话题或状况比较敏感。情绪敏感性总体上的这些差异源于正常的心理发展过程。童年时期父母处理冲突的方式以及一个人天生的基本气质都可能影响情绪敏感性，但任何感情关系中都有可能发展出更具特异性的敏感性。

许多伴侣都有所谓的"争吵主题"，这其实就是伴侣中一方或双方可能更加敏感的话题。比如，伴侣中的一方可能对某些已经过去好几年的事高度敏感。这种敏感性可能是从过去的一段感情中遗留下来的，也可能产生于当前这段感情中。了解彼此对哪些事敏感能够帮助伴侣学会更有效的沟通方式。而尝试提高或降低自身的敏感度也能使双方的交流更有效。第 2 章、第 3 章和第 7 章将更深入地讨论这个话题。

反应性

不管我们的情绪敏感性水平如何，当我们注意到一件与情绪相关的事件时，我们的反应性都有大有小。大的反应通常更激烈，表达上更迅速和强烈，并伴随着更高的情绪唤起。因此，大的反应（高反应性）能更明确地表达一个人的感受，但有时也可能使人反应过快，导致心情低落，甚至情绪失调，而此时外界还对他心里所想一无所知。显然，有时这种反应会适得其反，但如果是反应性较低的人，其反应可能就截然不同，而且收效更好。与此相反，较小的反应通常更轻柔，更缓慢，表达上也较为温和，给人以足够的时间看清事情的全貌。但小的反应有时候也不容易有效地传达某些信息，这样就很容易引起误会。学会调节情绪反应性（采用更强烈和更迅速的表达，还是更温和和更缓慢的表达）是学会管理我们自身情绪的一个重要部分。这正是这本书的重点。

达到情绪均衡的时间

情绪均衡是一种可调整状态，每个人都有一种情绪上的均衡状态，也就是情绪唤起的基线水平。处于这种状态时，我们能够清晰、有目的性并有效地思考或行动。当情绪唤起提高时，要再恢复到基线水平，就需要一段时间。对有的人来说，这个过程可能只需要短短几秒或几分钟，但有的人则可能需要花好几分钟乃至数小时。负性情绪长时间保持在高唤起水平不仅令人十分痛苦，也意味着在这段时间里，由于情绪唤起已经提高，个体容易感受到增强的反应性和情绪失调。了解情绪平息所需的时间有助于伴侣决定他们在讨论特别容易激起负性情绪的话题时是否应该暂停一会儿，什么时候暂停以及应该暂停多久。

总而言之，如图 1 所示，在很多情况下，高情绪敏感性、高反应性和情绪平息缓慢使你更容易感到心情低落甚至情绪失调。你甚至都还没来得及考虑某件事有哪些具体细节或者你的伴侣在干什么，可能就已经踏上了一条通往破坏性反应的路。

情绪易感性
（高敏感性、高反应性、情绪平息缓慢）

负性情绪唤起水平提高

图 1

高情绪唤起的影响

当理性受到压制时，彼此便会心怀戒备

负性情绪唤起以多种直接或间接的方式影响着你的感情关系，它可能导致你在某些情境中反应过激，也可能让你在另一些情境中反应不足。这时你的伴侣想要用理解、抚慰或体贴来回应你就变得更加困难，因为他 / 她从你那里根本得不到准确的信息，也就不知该如何回应你。因此，即使你的伴侣有心，而且十分罕见地没有自己的负性情绪唤起要处理，此时他 / 她也难以做到体贴地回应你。

高唤起引起的表达不准确

如前文所述，当情绪唤起过高时，我们就难以用公正、长远的眼光来看问题，思考和推理能力也同样会受到压制。这种压制的结果会反映在我们的言行中：我们开始心怀戒备，拒绝谈论那些隐藏在负性情绪唤起之下由衷的渴求和情感。图2展示了这个过程：高情绪易感性意味着实际上甚至还没发生什么事，你刚进入这个情境，负性情绪唤起就急剧上升。这是因为：第一，情绪十分敏感。你可能对所有的情境都会有这样的反应，也可能只针对这种特定的情境才有这样的反应。第二，反应性较强。你同样可能对所有的情境都有这样的反应，也可能只针对这种特定的情境才有这样的反应。第三，情绪平息缓慢。当你的负面情绪唤起提高时，你的思考能力就会相应地有所下降，开始失去有效沟通

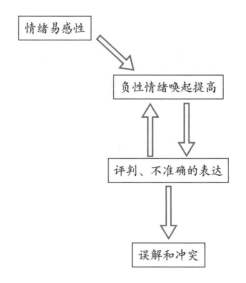

图2

所必需的情绪平衡。负性情绪高唤起也会在消极和评判的思考方式上火上浇油，让你说出一些刻薄难听的话，而这些话并不能体现你真正想要的亲密、关注和理解。这显然会使你的伴侣感到受伤，进而加深误会，激起矛盾。

举个例子，你想和你的爱人花更多时间相处，他 / 她今天却很晚才能回家，你备感失望。但你唯一能注意到的只有自己的负性情绪唤起。你把注意力放在这上面，非常想要逃脱这种情境。你有两个选择：一是退出这种情境，二是在感情上疏离对方。于是你开始评判（"真是个混蛋！"），结果你的情绪更激动了。接下来，你也没能准确地表达自己的失望之情，告诉对方自己渴望与之更加亲近，想和对方多待一会儿（用准确的表达方式）。相反，你开始指责伴侣的自私或者翻白眼表示你的失望甚至轻视。

不准确的表达同样会引起负性情绪唤起提高

事实证明，我们如何看待一个情境，以及我们如何向自己描述它，决定了我们的情绪是得到安抚还是变本加厉地变坏。具体来说，如果我们能描述这个情境（包括我们想要什么、发生了什么），同时认同情绪的激发过程，哪怕我们并不喜欢它，我们的负性情绪唤起通常也会开始慢慢降低，并最终恢复到正常情绪唤起状态（你感到心满意足）。相反，如果我们不准确地评判伴侣或当下的情境，怪罪对方，或小题大做，或感到万念俱灰，那么负性情绪唤起就会保持高水平，导致思考和其他行为进一步失调。图 2 就说明了我们不准确的评价、评判和对经历的表达能反过来提高负性情绪唤起水平，一如负性情绪唤起能够使我们的想法更加挑剔和消极。不过，乐观地看，这种互动也让我们可以从负性情绪唤起和表达这两点上练习沟通效果更好的替代方法。

感情中的冲突模式

所有伴侣都会在冲突的情境中逐渐形成较为固定的互动方式或模式。这些模式可能会因话题或情境的不同而有所不同，但它们通常具有内在的一致性。这里的"冲突"一词可用于以下几个情境：双方存在明显的分歧；至少一方因对方所做的事或该做而没有做的事感到不悦；需要协商或同意的情境。

建设性的交流模式

我们的目标是：当谈到相关的话题时，伴侣用非侵略性的、描述性的方法，明确地把困扰他们的问题提上台面。一位伴侣倾听对方所说的话，无论同意与否，都尝试着理解，并把他 / 她的理解传达给对方。这样一来，很多问题就可以解决，伴侣也更懂得怎样做才能成为一个更好的爱人。重要的是，如果问题无法解决，不管是因为暂时想不到解决方法，还是因为双方始终无法达成共识，伴侣都可以用具有建设性的模式来容忍矛盾，把矛盾束之高阁（哪怕只是暂时的也好），并在其他情境中继续欣赏彼此。事实上，伴侣可以通过探讨问题拉近彼此的距离，促进彼此的互相理解，抹平感情中的坑坑洼洼。当然伴侣双方必须能够调节自己的情绪，也必须知道自己的需求、偏好、情绪、意见、喜恶。他们只有能够调节情绪，才能放下戒备，用心倾听，然后把问题准确、不咄咄逼人地说出来，以共情和认同的方式回应对方。

互相回避模式

在互相回避模式中，伴侣双方会使对方情绪失调。也就是说，当一方碰到一些消极的事，沮丧难过到一定程度时，另一方观察到这种高涨的情绪，自己的负性情绪也会跟着急剧上升。双方都察觉到对方高度的负性情绪唤起，感觉对方的反应可能即将失控（低效、否定、发怒等），因此对问题彻底避而不谈。显然，不讨论问题，就无法解决问题。当伴侣感觉不和对方说话能让自己松一口气的时候，回避模式就启动了。哪怕很少出现积极冲突（争吵、打架），两人也将不再亲近。

破坏性的交流模式

与回避模式不同的是，在这种破坏性交流模式中，伴侣表现出严重的敌意，也不记得要向对方表达爱意。不准确甚至带有敌意的表达自然使他们不能理解对方的观点。每一次争吵结束的时候，双方都已经做了一些态度恶劣的事，也会后悔自己的所作所为——不过这是他们情绪平息时的后话了。而且因为惧怕对方在冲突中的反应模式，大部分伴侣在下一次起冲突的时候情绪反应性将更高。

有一点很重要，破坏性的交流并不一定是用上述方式开场的。它的名称来自交流结束时的状态。事实上，伴侣中的一方或双方有可能一开始相当冷静，情绪也能够自控，而且意识到自己出于好意，记得对对方的承诺，心怀对对方的爱意。但如果没有在这种棘手的情境中调控情绪的能力，一旦冲突不那么容易化解，一方就会感到越来越不快，并开始出现低效行为，或者不再准确描述他／她想要的结果，不再带着同理心倾听对方说的话等。而且，用不了多久，另一方也会出现同样的情况。这种行为造成的破坏有时候程度很轻，有时候却不容小觑。

交流－疏远模式

不同于其他几种模式，伴侣在交流－疏远模式里存在一种不平衡：伴侣中的一方向一个方向行动，另一方却背道而驰。换句话说，一方想要两人在一起讨论或继续探讨某个话题，而另一方至少在当时并不想进一步讨论这个话题，甚至不愿和对方待在一起，而是想独处一会儿。这种沟通模式之所以特别棘手，是因为不管你是想要交流的一方还是想要疏远对方的一方，不管开始时是用有效、有建设性的方式还是用更具破坏性的、逃避或回避性的方式，最终这种沟通模式都不会产生什么好结果。

我们来看个例子。莎莉今天在工作上非常不顺，她想要对罗恩倾诉。她可能会说："唉，我这一天过得真糟糕！"但此时罗恩可能正在忙着做别的事，所以他并没有注意到莎莉是真的想和他说说话，从他这里获得情感上的支持。他回答说："嗨，宝贝，我一直在试着连接网络，可是一直都连不上。"对于莎莉来说，这个回答是严重的否定，所以她的负性情绪唤起立刻上升了。这又导致她的注意力从自己真正想要的结果（来自丈夫的支持、倾听和亲近感）转移到了她自身的负性情绪唤起上。莎莉因为今天遇到的问题，负性情绪唤起本来就已经提高了（情绪易感性），于是她语气不怎么和善地对罗恩说："算了！"而罗恩此时对她的情绪还毫无察觉，所以他把这句"算了"当了真，并且觉得松了一口气。他兴高采烈地说了句"好啊"就接着做自己手上的事。莎莉生气了。

莎莉走进另一个房间，因为罗恩又一次没能回应自己而陷入负性情绪唤起中。她开始觉得自己淹没在情绪（她原先的情绪加上不快、伤心、羞愧和愤怒）、负面评价（"他根本不关心我"）、对罗恩的评判（"他太自私了"）以及对自己的评判（"都是我的错，我居然以为他会有兴趣，真是个笨蛋"）中。此时罗恩开启防御性的反应（他的负性情绪唤起也开始迅速上升了）。他会说："我为什么要跟你说话？你现在就像个疯子！我不过一直在修这该死的电脑，你搞得像我杀了人或者干了什么错事一样！"伴侣双方都觉得失望，因而在下一次冲突出现的时候，都会产生更严重的负性情绪。这种破坏性的模式有多种发展方式，但其核心总是负性情绪的逐步升级。

消极互动的危害

容易出现抑郁症、焦虑症等心理疾病

研究表明，健康、亲密的关系会使人受益，而痛苦、高度冲突的关系则会对个人的幸福造成伤害。身处一段恼人的伴侣关系中的人出现抑郁的可能性比那些感情和睦的人要高得多。同样，在痛苦的高冲突伴侣中，出现焦虑症、健康水平下降等情况的概率显著高于常人。

此外，对那些在父母冲突不断的家庭中成长的孩子来说，高冲突关系也会带来伤害。更重要的是，研究还表明，如果伴侣努力解决分歧，改善双方关系，那么个人幸福就会得到实质性的提高。如果双方能够准确地表达自己的想法并取得理解，能够相互陪伴，相互亲近，和睦相处，我们的心灵就会得到慰藉。

如何使用这本书

循序渐进，你将会事半功倍

这本书会告诉你怎样有效调整情绪，从而改进沟通方式，解决各种问题，促进爱情和亲密关系的发展与维系。本书结合了辩证行为疗法的原理和包括本书作者在内的众多感情咨询界专家提出的伴侣和家庭互动与干预原理。辩证行为疗法由玛莎·莱茵汉博士提出，是一种针对严重、广泛性的情绪失调问题的疗法。

本书的目标读者是高冲突关系中的伴侣，以及因为冲突不断而烦忧或认为有必要积极改善关系的人。对那些因为惧怕冲突升级而回避冲突或冲突情境的伴侣来说，哪怕从表面上看并没有什么冲突，读这本书也颇有益处。但这里必须要说明，如果感情中的高度冲突还包括肢体冲突和性暴力，那么这本书并不能满足你的需求。如果你对自己的伴侣有暴力行为，那么最重要的是采用一切可以采用的资源来保证在感情关系中的安全感。请你一定要寻求专业的咨询服务，或者通过其他途径来控制自己。如果你受到过来自伴侣的肢体攻击或性侵犯，请寻求他人的帮助和社会资源来保障你的安全：任何人都不应该受到肢体暴力或性暴力。

本书中的理念和策略旨在帮助读者理解与处理高冲突关系中的感情问题。这些理念和策略需要伴侣双方一起做任务，以及讨论一些可能激起争端的主题或问题，比如那些由伴侣双方各自过去的经历和感受催生的问题。双方都应该具备自控能力，并保证自己能容忍可能产生的困苦心情，而不致产生肢体冲突甚至暴力行为。只有具备这样的条件或能力，这本书的内容才能真正起效。

理想情况下，伴侣应该一起阅读这本书，并按照章节顺序练习其中的技能。当然，如果你独自阅读本书，自主完成其中的大部分练习，你的感情关系也大有可能受益。本书每一章都提供了详细的指南，可供读者了解需要努力和强化的内容；同时，各章也提供了练习题——有些练习可以独立完成，有些练习建议伴侣合作完成；另外，我建议读者按照目录逐章阅读本书，因为书中的材料和技巧都是循序渐进的。虽然原则上读者也可以跳章阅读，但掌握了前面的技巧可以使后面的技巧更容易掌握，成功的可能性也更大。更重要的是，相较于一本用于促进伴侣双方相互理解的指南，本书更大的作用是成为一本练习指南。你能否获益，很大程度上取决于你对各种练习和技巧是否操练到位。当然跳章练习也未尝不可，但我还是建议你先练习前一节中的题目，再转入下一节的学习。例如，你可以先花一周多的时间学习一章，接下来再学习下一章。一言以蔽之：练习，练习，练习！

第 2 章

接纳彼此：建立亲密关系中的联结感

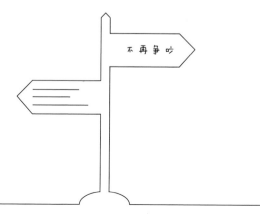

伴侣间的互动常常被比作舞蹈：音乐流淌，伴侣对自己和对方的舞步把控得当，恰到好处，场面令人着迷。然而，若是出了岔子，伴侣开始相互踩踏，整个场景看起来就会变得滑稽可笑，也令人十分痛苦。这种痛苦的结果还会让人在接下来的舞曲中也无法自如起舞。无论是跳舞也好，做其他事也罢，要成为一个有效的参与者，就需要多加练习使技能提升。而要成为一对高效的伴侣或搭档，则需要共同练习。这就和舞蹈一样，一个人既要扮演好个人的角色，也要成为一个好搭档。而事实上，伴侣在经验老到的时候，放下自我意识，参与到两人协作的活动中去，也不失为一种乐趣。无论是对话、散步还是做爱，莫不如是。

基本的交流包括两个构成部分：第一部分，一方倾诉，另一方倾听、理解和回应；第二部分，两人不时互换角色。这看似简单，但正如第一章中叙述的那样，负性情绪会妨碍这看似简单的交流行为。当我们在大脑中把沟通复杂化，不自觉地增加自己的负性情绪唤起，接着合理化自己对对方的不良言行，双方的交流就可能突然中断。

我们要有技巧地行动。首先，我们要觉知自身的需求、想法、感受与情绪，这就是正念；其次，也要正视对方的需求、想法、感受与情绪；最后，还需要了解我们如何彼此联结（互动）。

正念首先是一种觉知，同时也是一种技能。我们要学习如何关注那些对我们最为重要的事物，并用这种觉知来引导我们的行为。

本章将探究正念的三个方面：我们自身、我们的伴侣以及我们的互动或"共舞"。接下来，本章先从我们如何与伴侣保持密不可分的联系开始探讨。

你无法独自行动

相互关系产生相互影响

在所有的伴侣关系中，我们作为个体所做的事总会影响到对方和感情。如果伴侣中的一方对某件事感到烦闷，另一方无论承认与否，都会被牵涉其中。相互联结使你无法独立行动，你的行为会影响对方，而对方的行为也会影响你。把这两方面综合起来，你就会明白，你所做的事最终又反过来影响到自己。

几个世纪以来，哲学家、诗人、宗教领袖、神秘主义者、政治家和体育迷都懂得类似"种瓜得瓜，种豆得豆""付出即所得""自食其果""害人终害己"的格言。这些格言都很能体现这个观点的精髓。这个道理用在亲密关系上也再合适不过。

不要让情绪伤人伤己

我们和伴侣休戚相关，因此，不要苛待对方，否则我们也会受到对方的苛待。一旦我们"忘记"或忽视这种相互的影响，我们就可能用残酷、无情、评判或无礼的方式对待伴侣。切记，高度情绪唤起会降低我们的思考和记忆能力，所以有时我们可能身处冲突情境中而不自知。这听起来可能很愚蠢，但事实就是如此，因为这种对冲突情境的失察相当普遍。

留意你现在的情绪唤起水平。如果它处于低水平或中等水平，留意你现在对伴侣有什么感情，你对感情的投入有多深，你希望从感情中得到什么。假如拥有一段亲密的关系也是你的目标之一，那就把注意力放在这一点上。现在，请扪心自问：假如你上一次呵斥伴侣之前能想起这些爱意和愿望，事情会有何不同呢？如果那时候你能真正意识到这个人和你相爱，意识到你对待他/她的方式对你想从感情中得到的东西来说举足轻重，事情又会怎么发展呢？那些刺耳的话还能这么轻易说出口吗？答案大概是否定的。

让我们回忆一下第一章中的莎莉和罗恩。如果莎莉对罗恩大吼之前能想起她真正想在感情中实现的目标，事情会怎么样呢？

那些难听的话帮助她得到自己想要的亲密关系了吗？莎莉如果能想起她的目标，她能不能停止攻击罗恩呢？如果罗恩能够记得他有多爱莎莉，他想要的是一个开心的伴侣和亲密的爱人，他又会怎么做呢？他还会这么轻易地无视她的需求吗？只要能记住"种瓜得瓜，种豆得豆"这句老话，事情就会大不相同。正因为高情绪唤起会阻碍思维和记忆，我们才有必要做到能够下意识地唤起这些正念。然而，我们若想要让这种正念无须思索就能产生，大量的练习必不可少。

对自我保持正念

平衡感性自我和理性自我

近年来"正念"这个词越来越流行,人们也赋予它多种多样的含义和使用场景。本节将重点关注正念的几个方面:自觉的能力、如何控制自己关注的内容以实现良好的情绪与行为管理。

思维状态或自我状态

我们的思维自我和感知自我既可以协同合作,也可以背道而驰。换句话说,如果我们能同时感知并接受自己的感性和理性思维,就可以更高效地行动。理性和感性的不同组合可以产生三种不同的自我状态或思维状态。玛莎·莱茵汉博士将其命名为"情心""理心"和"慧心"。

感性自我或情心

要在这世上生存发展，我们都需要感性。感性指引我们，让我们对事物的重要性有所感知，它向我们预示行为可能带来的后果，也让我们的人际关系等活动丰富而热烈。没有感性，就没有乐趣，没有喜恶，没有牵挂，也没有爱情。但如果我们只关注情感，却对逻辑、理性浑然不觉，风险就会出现。如果完全由感性决定我们的行为方式，我们就可能会不计后果地冲动行事。这就是纯粹的感性自我，或者叫"情心"。这种状态的问题并不在于我们的情感过于强烈，而在于未能取得与逻辑之间的平衡。我们的行事风格更接近下意识的反应，只顾满足当下的感性冲动。

理性自我或理心

当然，我们也需要批判性思维、逻辑分析和理性。通常这些是以简略的准则形式存在的。没有准则，一切都会陷入混乱之中。是理性告诉我们应该靠右行驶（适用于北美、中美、南美、欧洲大陆和斯堪的纳维亚等地区），应该起床工作、锻炼身体、缴纳税款。但有些时候，我们完全基于准则和理性行动，却让自己陷入了泥潭。比如，我们会遵守一些错误的准则，像"我应该喜欢那些喜欢我的人""只有懒人才会因小感冒就闭门不出"等。

我们也会用所谓的逻辑（伪逻辑）来指导自己的行为，比如"如果他爱我，就应该知道我想要什么，我没必要说出口"。问题并不在于这些准则不合逻辑，因为许多准则确实在很多时候让生活井然有序。真正的问题在于，这些准则没能和感性达成平衡，导致我们只顾按准则行事，却没有考虑后果。这些准则的初衷本是减轻痛苦、避免混乱和提高生活质量，结果却南辕北辙，使人更加痛苦。

明智自我或平衡自我，即慧心

理性和感性若是同时存在，彼此平衡，我们就可以将其视为明智而平衡的状态。莱茵汉称之为"慧心"。当我们"身处"慧心（即平衡的理性和感性）之中时，我们的行为就不再是单纯的消极应对，而与我们最为明智的目标步调一致。人们经常认为理性和感性水火不容，但此处这两者仅仅是两样不同的东西，并不相互排斥。我们常说蛋白质和碳水化合物同属饮食中不可或缺的成分，但不代表这两者不会失衡。同理，理性和感性同是生活和自我中不可或缺的部分。感性并非不合逻辑，理性也并非冷漠无情，它们只是不同的体系。若能够同时具备充足的理性和感性，我们就可以明智行事。有时我们将这种观点视为真实的自我，它反映了一种清醒意识和自我中心，即我们是谁，对我们真正重要的是什么，以及我们心中所想的是什么。

　　每个人都有这种智慧：你知道自己喜欢什么温度的洗澡水，你不需要烫伤自己，也不必用校准的温度计去测量，就可以知道冷热程度是否正和己意，你的脚趾和手肘能"判断"温度是否刚好。你明白自己的行为会影响他人，反之亦然。在你心底你也知道自己对感情有多么投入。需要说明的是，明智的标准因人而异。对于某个情境，有的人可能需要四分理性加一分感性，有的人则需要七分感性和两分理性。因此，只要理性和感性能够平衡，能让你在生活中有效行动，那么就没有所谓的"过度感性"或"过度理性"，也不会有消极应对（因理性不足而无法有效平衡）或盲从规则（因感性不足而无法有效平衡）。

　　一旦慧心"明白"了你希望感情顺利，你就会同时意识到自己对感情的投入（理性）和你对对方的爱慕（感性）。如果这是你的慧心所在，那么想要伤害伴侣时，你就偏离了自己受伤的情感自我（失衡）。如果你告诉自己，伴侣"应该"怎么做，否则就是不爱你（这是无效的准则），那么你偏离的则是逻辑自我（也是失衡）。而若是能从明智的自我出发，你就能有效行动。此时的你才最有可能达到你真正想要的目标，而不必伤害对方，失去自尊。

此处要讲述的核心技能是如何意识到自己偏离了慧心，以及如何重归慧心。

取得平衡自我：不加评判地描述

遇到棘手或冲突性的情境时，你可以把注意力集中在不同的地方。你可以解读一个情境，评判它、视而不见或转头逃避；或者让自己忙到不可开交，以此来回避它；再或者让自己陷入因此产生的情绪中不能自拔。以上都是典型的无效策略。你也可以观察该情境以及你的反应，然后描述它。描述是一种最为有效的方式，它能使你达到更加平衡的状态，抑制情绪反应升高，避免做出让事态进一步恶化的行为。

描述听起来很简单，如果不考虑可能存在的陷阱，在情绪唤起很低的时候描述也确实很简单。你可以描述外在的事物，比如你所处的房间、气温以及一幅画或一张照片的颜色和质地等。你也可以描述自己的内心活动，比如感受、情绪、愿望和思想等。

我们有意识地避免给所描述的事物附加任何感情色彩。相反，我们允许情绪自然发生并接受随之而来的一切。任何在描述过程中自然流露出的情绪都可能是最真切的。

我们可以拿电台播音员的工作作为描述的范本：他 / 她描述正在发生的事情，提供足够多的信息，以供听众理解当时的情境。当我们单纯地描述情境时，我们会关注细节，用言语加以描述。这其中不仅包括留意情境和他人的方方面面，也包括留意和描述我们自身的反应（如情绪、感受、好恶等）。假设你正在洗碗，就只留意水、洗洁精和碗碟在你手中的感觉，描述洗碗的过程，等等。又比如在你的配偶或伴侣对你说他 / 她爱你的时候，你可以留意并描述这个场景（对方的语调和面部表情等）和你的反应（心里涌上一股暖流，面部和颈部的肌肉放松，也许还有一抹笑容挂在你的脸上）。

评判的问题

在冲突情境中，描述会变得困难。这是因为情绪唤起正处于高水平，由此产生的评判会不由自主地爆发出来。我们作出评判时总是把事物或人和他们的行为定性为非对即错。评判的一个问题在于，理性会告诉我们，一件事若是错的，就应该停下来。然而一般来说，我们对一件事作出评判只是因为不喜欢它，希望它结束或是有所改变，但并不代表这件事一定是错的。

比如，奥斯卡要加班做一件今天必须完成的事。玛莉亚一天都很想念奥斯卡，所以希望他能在晚上5：30左右和她同时到家，共度接下来的时光。奥斯卡给玛莉亚留了条信息，说他要加班，可能晚上7：00左右才能到家。玛莉亚一开始只是对他迟些回家这件事感到失望，但很快她就开始评判他："他总是加班。他就不应该花这么多时间在工作上。他应该更关心我。"很快，随着她情绪唤起的升高，她又开始评判自己："又不是什么大事，我都不知道我为什么要生气。他那么努力地工作，只是迟了一点回来，我根本没有权利生气的。我这么黏人，真是有毛病。"随着时间的推移，她一会儿评判奥斯卡，一会儿又评判自己，她的情绪唤起随之不断升高。最后，大概到了晚上7：30的时候，她脑子里萦绕着"奥斯卡真是个浑蛋，他怎么可以这么迟还不回来"的想法。又过了几分钟，奥斯卡终于回到家，但这时候玛莉亚已经非常愤怒了，她满腹牢骚，非常生气地责怪奥斯卡。奥斯卡又累又饿，本来还是很期待见到玛莉亚的，但当玛莉亚开始责怪他的时候，他立刻感觉受到了攻击，马上开始为自己辩护，因此他也开始进行评判："她怎么能这样对我？"两人唇枪舌剑地争吵了好几分钟。他愤而离开，到一家快餐店吃饭去了。玛莉亚则单独在家吃了晚饭，回到卧室后一直哭到睡着。奥斯卡回到家，打开电视，在黑暗中看了一会儿，然后在沙发上睡着了。

这个例子告诉我们，评判是非常危险的事。评判使得负性情绪唤起攀升，导致情绪失调，行为失衡。

次级情绪反应

请注意，在上面这个例子当中，评判使得双方最初相当温和、完全合理的情绪转变成一种剧烈程度和破坏性都大得多的情绪。那些规范的、灵活的或有效的情绪反应，特别是那些从观察、描述情境中产生的情绪，都可以被看作初级情绪。初级情绪反应一般是人类所共有的。例如，我们得不到想要的东西时会感到失望，遇到危险时会感到害怕，事情顺利时会感到满意，等等。与此相对的是"次级情绪"，包括那些由评判催发的情绪和那些对初级情绪的反应。次级情绪通常不太规范，而且经常存在问题和适应性不良。例如，玛莉亚太想和奥斯卡待在一起了，所以她对相处时间的缩短不免感到失望。但对他的评判使她怒火中烧，而她对自己的评判则时不时地使她感到羞愧。

这个例子点出了次级情绪的几个要点：次级情绪几乎全都对感情有破坏性；对自身的评判会导致羞愧这一次级情绪出现；对他人的评判会导致愤怒；强烈的次级情绪只会给更多的评判火上浇油，最后陷入不断升级的负性情绪循环当中。

愤怒在感情中带来的问题

很多人认为，愤怒是一种规范的情绪，并且通常是健康的，因为愤怒可以促使我们坚持自己的权利、价值观和个人边界，并在危险情况下保护我们。这当然是对的，但是在亲密感情关系中，愤怒却十分有害，甚至常常使它可能带来的任何益处黯然失色。注意，愤怒在这里并不是烦恼、厌恶、沮丧的同义词。在亲密关系中，表达上述几种情绪确实可能是健康的、有益的，因为我们有理由相信这些表达可以被倾听和理解，从而带来积极的改变，使得双方的关系更加亲密。

然而，愤怒意味着负性情绪唤起提高，从而导致评判的发生。接着，评判又提高了负性情绪唤起，更高的负性情绪唤起带来了更多的评判，并导致对情绪和愿望不准确以及无效的表达。无效的表达进一步导致了误解和冲突（参阅第 1 章图 2）的产生，却无法带来有效的改变。所以，在亲密关系中，愤怒的感情和表达几乎无可避免地导致隔阂，而隔阂恰恰是亲近和亲密的大敌。那么当你不喜欢一件事的时候，你又该怎么做呢？

描述的力量

描述能够打破评判、负性情绪唤起、误解和冲突之间的破坏性循环。只要我们能够描绘情境，描述我们的反应（感受、情绪、愿望），并留意我们的反应的合理性，绝大多数情况下情绪就能平息，我们也能回到更加平衡的角度上，从而有效行动。愤怒是一种强烈的情绪，我们因此也容易观察到它。留意到愤怒是一个信号，它警告我们正走在一条破坏性的道路上。我们应该学会留心这种警告，并做出以下反应：第一，集中注意力，发现评判；第二，放下评判，不要让评判主宰你的思想和行动；第三，把注意力转向描述。当愤怒烟消云散，我们也就可以更有效地行动。这时候的有效行动就容易得多了。

如果玛莉亚能注意到自己开始评判，她就能停止这种行为，转而进行描述。她会注意到她的丈夫奥斯卡在加班，自己很想念他。她也能注意到他没能早点回家这件事让自己感到很失望。在这种情境下，出现想念他、感到失望这些情绪就再合理不过了。那么，她的情绪唤起就不会提高，她也不会沉浸在评判和愤怒中无法自拔，只会单纯地感到失望。她也就可以一边等他，一边做点别的事。这样一来，由于此时她的负性情绪唤起（失望）水平比较低，和奥斯卡相见所能带来的自然、真实的反应（喜悦、轻松等其他正面情绪）就能显现出来，而不必与评判、愤怒在她心中一争高下。当见到奥斯卡时，她就可以表达出内心的喜悦：她会不由自主地露出笑容，因为她注意到自己得到了心里想要的结果。奥斯卡则可以用充满爱意的方式回应这种正面刺激（玛莉亚对他微笑，表达爱意，而非指责和攻击）：他回以微笑，拥抱她，眼神与玛莉亚温柔地交汇。这样，他们就可以一起尽情享受美好的夜晚。

对伴侣保持正念

关注伴侣时，要留意和描述

当你关注伴侣的时候，你同样可以留意并描述（即保持正念）他／她。当然，你也可以评价或评判对方。评判很简单，并且在我们的文化中也大行其道。说一个人是好人或坏人，实在比描述他们的行为和你的反应简单得多。这种简化的交流方式在现实中相当常用，但使用它的前提是我们要能意识到它只是一种简化的交流方式，并不代表事实。你的伴侣做了一件让你高兴的事，这并不能说明他／她是个好人；他／她做了一件令你讨厌的事，也不能说明他／她是个坏人。

我们所做的评判会使我们背离真正的体验："好"是一种概念，一种赞扬，它或多或少地会妨碍单纯的亲密感。即使伴侣做了一件让你高兴的事，评判也会让你很难知道自己到底该有什么反应。同样，如果我们给一个人贴上"坏"的标签，愤怒就会随之产生，自己就无法真切地留意自己的感受（比如，伴侣没能遂你的意，你因此感到失望）。失望往往令人不悦，也不像愤怒那样得到大众的容忍甚至社会文化的推崇。然而，愤怒对于亲密关系可谓一剂毒药，而失望不仅真实，还可能成为感情中的一服良药。因此，为了对你的伴侣保持正念，有时候你需要愿意感受失望。当然了，有时候也需要大量正面的情绪和体验。

留意和描述

当你对自己的伴侣保持正念时，留意并不加评判地描述是核心行为。留意他脸上的表情（每块肌肉是紧绷的还是松弛的，眉毛的位置，嘴角的幅度）、他走路的方式和他的语调（音高、节奏），然后单纯地把这些描述出来。做到这些，此时你就真正地保持了对他的正念。留意并描述她是如何握着你的手（哪些手指触碰到你的手指，她用多大力气握着你的手），她睡着时呼吸的方式（深或浅）或者戴着眼镜的她抬头回答你问题时的样子，这样你就保持了对她的正念。

留意和描述没有标准答案，但会使人们产生好奇心，想要了解更多的信息。而评判和赞扬则是封闭的，因为既然已经做出了评判，也就不需要再知道什么信息了。如果你假定他现下的感受，解读或评价她的反应，质疑他的动机，坚信她缺乏理性，那么你就不会再关注伴侣，失去对他 / 她的觉知。对你的伴侣产生正念是通往倾听和理解的途径。你只有对伴侣保持正念，才能最终带来合作和支持，化解冲突，与伴侣相亲相爱。

需要再次提醒的是，当冲突迫在眉睫时，要做到正念并不容易。因为在负性情绪唤起快速升高时，评判几乎是自动产生的，所以我们需要长期用心练习抛开破坏性模式（评判和负性情绪唤起快速上升）。一开始你可以先试着慢下来，转移注意力，用上在正念练习中学到的技能。请注意你的长期目标，留意你自身的体验。接着不加评判地描述你的体验，不要抑制你的感觉和情绪，直到情绪基本平息下来。接下来，把注意力转向你的伴侣，描述他 / 她的面部表情（眉毛的位置，眼睛睁开的幅度，脸颊是否紧张，嘴唇是否张开）、体态（姿势，斜倚的方向，肩膀是紧绷着还是放松的）、头发（长度，颜色）、注意力（注意的对象和程度）。你只要单纯地去留意、描述，就能把你的接受和爱意传达给对方。

同样，你也可以对伴侣的话语保持正念。这点要更复杂一些，因为我们有同理心，所以会立刻对别人说的话作出回应，随之开始解读、评估或评判。但你可以练习留意对方说话的内容和方式，然后尽力描述伴侣想要表达什么（他 / 她的想法、感受、想要的是什么以及正在做什么事)。

在对方说话时保持正念是有效合理化认同对方的一种方法。这一点本书将在第 7 章和第 8 章讨论。目前你只需在非冲突情境中专注练习正念倾听。接下来的章节将会讲述如何把这些技能运用于冲突情境中。

练 习

1. 留意你的情绪是如何影响周围的人的，也留意周围人的情绪如何影响你。

2. 练习不加评判地留意自己的体验。你可以在浴室里练习（只留意描述水、肥皂和沐浴露给你的感受），也可以只是留意呼吸的感觉（体验空气进入鼻腔的感受，空气的温度以及在鼻腔、喉咙中的感受，肺部的扩张和收缩，呼出空气时的感受）。

3. 练习识别评判、区分评判和描述。例如，当你产生"这幅画真美"的想法时，你可以尝试以下练习（因为"美"就是一种评判）：描述这幅画的特点（主题、颜色、质感、图案），留意自己的反应（这幅画让你感觉温暖，使你微笑，让你想起一些珍视之物，令你愉悦）。留意你对这些关注的事物所做反应的合理性。你既要把这个练习用于令你愉悦的事物和情绪，也要用于那些不愉快的事物和情绪上。

4. 当你的伴侣在附近做一些不牵涉你的事情（如读报纸、与孩子嬉戏、叠衣服、睡觉或走过等）时，留意并描述他/她。你只单纯地进行描述，尽可能不要停留在对好坏、对错的评估或评判上，也不要停留在你的反应上。

5. 当伴侣在对别人说话时，留意并描述他/她在说什么、想什么，他/她想要什么，有什么感受。把你的观察限于他/她所说的内容，而不进行任何解读。

6. 当你和伴侣讨论一件正面或中性的事情（即不在冲突情境下）时，练习正念倾听：不要去想你接下来要说什么，而是为了理解去倾听。如果伴侣没有表明他/她的感受、想法和愿望，要主动询问，集中精力描述他/她的愿望、感受和想法，努力理解对方。

--- ▸▪●   ●▪◂ ---

第 3 章

控制冲动：不掉入负向循环的陷阱

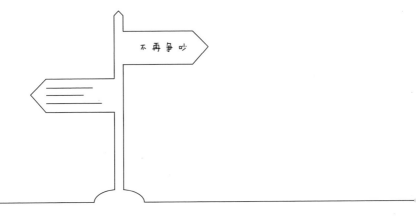

上一章提供了一些重要的基础技能，让你能够使破坏感情的负性情绪和反应性发生改变。但如果想让现状大幅改善，你首先要做的是不要让事情变得更糟。本章着重讲述如何激发你的动力让事态停止进一步恶化，如何阻止你自身的消极反馈，以及如何抑制冲动，使你不致破坏了感情还不自知，直到事后才后悔不迭；或至少知道如何处置破坏性情绪，不让其左右你的行为。

全心全意做有效的事

想实现自我控制，就要提前练习积极的反应方式

实现自我控制的第一步是下定决心，全心全意做有效的事。当你开始失控，情绪即将爆发时，理性以及其他一切有效的行为方式都会弃你而去。"全心全意"意味着提前练习积极的反应方式，使习惯成自然。经过练习，下一次你开始失控时，这种新行为就会自动出现。可以说，"全心全意"能使你实现自我控制。

拿马拉松来打个比方。你想跑马拉松，但之前从未跑过三公里以上的路程，那么你是无法成功的。不管你有多想跑完全程，你的身体在这种情况下根本就不听使唤。你要做的是下定决心跑完马拉松，这样你才能有毅力坚持好几个月每天清晨早起锻炼。如果信念足够坚定，就算身体开始衰老和疼痛，经年累月的锻炼也可以让你继续奔跑。

但是即使能够做出有效行为，你也仍可能缺乏动力。这可能是因为有时候过去有问题的反应依然存在，时时想要压过新的反应，所以你最后做出哪一种反应都不奇怪。在高负性情绪的情境中，如果新的行为做起来更困难，你可能会想"算了，无所谓"。带着这样的情绪，你也就无法看到自己的行为可能会产生什么样的后果。因此，你一定要尽快回到思维的平衡点，充分觉知自己真正的感情目标，而不要过分关注受伤的感情。现在就进行练习，以便你在被动的情况下尽快恢复思维平衡。

这就好比驾驶车辆。假设你学的是靠右行驶，某一天你到一个靠左行车的国家度假，一方面你知道在这里靠右行驶是极其危险的，但另一方面，你可能又抑制不住地想要往右靠。怎样才能确保行驶安全呢？这时你就要全心全意地投入其中（记住靠左行驶才是安全的，不管多难也要坚持练习），观察你的直觉冲动，不要向它低头，哪怕它再强烈也不要相信，这样你就能帮助自己渡过难关。

自认为正确并不正确

我们先从你全心全意地不让事情变得更糟开始。你是否明白，无论你的伴侣之前做了什么，你若对他／她口出恶言，否定或批评他／她，都只会让感情变糟？你是否认为因为他／她对你做了这样或那样的事，所以你"有理由"报之以同样的行为，因为这是他／她"活该"？大部分人都知道恶言相向会使沟通收效甚微，但是总有一些时刻，我们对伴侣满心满口地评判，还认为自己是对的。问题是，当有人"冒犯了我们的权利"时，我们的习惯支持我们以牙还牙，我们的语言里也有大量类似的表述。所以我们哪怕是面对自己的爱人也总用对错来描述一切的行为就不足为奇了。

但你若真的对自己的伴侣保持正念，你就能觉察到你们俩做的其实是同样的事。他／她认为你咎由自取，而你也认为对方自作自受。如果你们俩谁也不愿保持正念、做出让步，冲突又怎么能化解呢？甘地曾说："以眼还眼，只会让世界更加盲目。"你真的想要伤害自己的伴侣吗？当你受到他／她的伤害时，那种痛苦有多深，你心知肚明。那么，你真的想要给自己的伴侣带去同样的伤痛吗？

因此，请使用上一章讲过的正念技能。你要明白，你发自内心地爱着这个人，想要更好地与之相处，而不是让事情变得更糟。伤害对方就是在伤害自己，它只会让互相伤害的无尽痛苦绵延下去。但你可以让它停下来。

预见你的冲动反应

敏锐察觉对方言语攻击中的"触发词"

　　现在你已经做到全心全意地想要在冲突情境中不让事情继续恶化，但还是需要进行大量练习。当身陷他人的言语攻击之中时，我们往往会感情用事。这种冲动无法预知、无法抑制。但事实上很多冲突情境是可以预见的。你们曾经发生过多少次同样的争吵？这样伤人的挑衅语言说过多少次了？请描述性地回顾过去的问题：你的伴侣说什么会让你火冒三丈，觉得非回敬对方不可？我们把这些触发反应的语言称为"触发词"。

排练一种新的情绪反应

　　你在找到这些典型触发词之后，可以预见你的伴侣还会再次说出这样的话。你越能敏锐地察觉这些触发词，它们的力量就越弱。每次你想象伴侣说出这些话，但自己以一种友好的方式回应时（起码不要以牙还牙），你都在调整这些触发词带来的结果，因为你打破了原本的反应链。所以，首先要尽可能多地识别触发词。

这里并不是说这些触发词本身导致了你的反应，实际上这些反应链都是自动运行的（比如，她说 X，你就说 Y；他说 A，你就说 B）。这是长期适应的结果：习惯成自然，就像背字母表一样，如果有人说"A、B、C、D、E、F"，然后突然停下来，你会条件反射般地立刻说出"G"。但假设你发现现在说出"G"会导致爆炸，那么你就得把"G"吞回去，做点别的事。做什么事才有用呢？只要是能让你的情绪唤起降低，帮助你改变回应方式的事，就是有用的。

辩证行为疗法中有诸多容忍痛苦的技能。这些技能可以给这些情境带来帮助。例如，你可以通过做点别的事情（散步、阅读、做运动或其他放松心情的事）把注意力从争吵中转移出来，寻求精神上的抚慰（祈祷或默背自己的价值观），安抚你的各项感官（听平静的音乐，吃喜欢的食物，读一段令人愉悦的故事或诗歌），也可以进行一些社交活动（打电话给朋友，发电子邮件）。在很多情境中，你可以迅速把注意力转移到这些事情上，也可以把这些事情安排在与伴侣的互动和平结束之后。想到自己过后可以有几分钟时间专注于让心情好起来，你就可以用更有建设性的方式来回应伴侣。

当知道哪些词是典型的触发词，有哪些可用的替代反应之后，你就可以把两者结合起来练习。你想象一个触发词，记住你的目标（不要让事情更糟，你爱着对方，用消极的方式应对只会让消极情绪反复循环），并在想象中以一种自重和尊重对方的方式作出回应。

演练体面地结束冲突

我们在生气或愤怒的时候最大的问题之一是容易被怒气冲昏头脑。我们在这种情况下常常感到大脑一片空白，最后口不择言，让那些早已被事实证明没有任何作用的、具有破坏性的话脱口而出。第9章将进一步探讨这一点。现在你要做的是记住一两句能帮助你体面地结束冲突的话。

以下几个方案可供参考：

■ 告诉对方你们正在吵架，表明你并无此意

- 表明你很伤心，或处于其他初级情绪中
- 表示你爱他 / 她，不想在这条破坏性的道路上继续走下去
- 表示你真的很在乎他 / 她，也想要理解他 / 她，只是现在被愤怒冲昏了头脑
- 表示你想要冷静一下，回头再讨论这个话题

当然了，你需要自己组织语言。重点是要记住：有效回应的关键在于保持冷静，把你真实的目的和感受描述出来，不要指责对方做了错事。

埃德加和赛琳娜大吵了一架，好几天都不愿搭理对方。两人心里都清楚怎么做会伤害对方，如何使对方遭受最大的痛苦，导致对方产生最剧烈的反应。但我们知道，两人的目的并不是互相伤害，反而都希望能重归于好，做彼此的挚友和爱人，回到过去那相互安慰、相互支持的美好时光。

埃德加能预见赛琳娜要说什么样的话，而这些话正是他的触发词。他也的确下定决心要改变自己的回应方式，但他现在伤心透顶，怒火中烧，一个字也说不出来。等到下一次发生口角的时候，他还是不由自主地用过去那一套消极的方式来回应，可想而知，事态每况愈下。但现在，他已经大致知道赛琳娜要说出触发

词了，决定提前想好应该怎么回应。他希望能有效停止争吵，所以决定说："赛琳娜，我想念你。这次和你吵架，我实在太难过了。我不想再吵下去了，我们能不能停一会儿，等两人都冷静下来了再好好讨论这个问题？"他反复演练了这个场景，但当这个场景变成现实的时候，他惊讶地发现要控制住自己冲她吼回去的冲动非常困难。通过练习，他记起两人共度的愉快时光，他太想扭转这个局面，经过不懈努力，他终于能够摆脱原来的那种冲动。等到他终于把多次演练的话说出口时，赛琳娜同意了。他有点惊讶，但又感到无限轻松。他们本来可能还要再痛苦煎熬上三天，而现在，冲突终止了，他们迈上了一条通往相互理解和相互陪伴的全新道路。

管理破坏性冲动

把破坏性冲动的结果具象化，然后冷静观察

全心全意投入和练习新的应对方式，这两种方法都能帮助你实现自我控制。但当破坏性冲动开始升高时，你也可以采用另外几个技能。

你是否曾经有大啖甜食的冲动，但最终没有这么做？你是否曾经强烈地想赖在床上不去上班、健身或上学，但最后还是成功地起床出门了？你是否曾产生冲动想买下自己负担不起的东西？是否曾想转身逃避困难的任务，为了不让别人生气失望而想撒谎？你还有过哪些不负责任的破坏性情绪冲动？你是受制于此类冲动，还是能管理它们，做正确的事（哪怕是偶尔也好），让自己的生活正常运转？

无论你曾经靠做什么事来遏制以上这些冲动，你现在都可以将其当作重要的技能，用于遏制苛待伴侣，打破破坏性冲突的循环。下面是三种常用的策略，可以帮助你应对棘手的情境，不让事情变得更糟。当然有用的策略不限于此。

把破坏性冲动的负面后果具象化

在闹钟响起的时候，你还觉得没睡够。这时候你可能想要立刻把它关掉，怀里拥着你的爱人继续舒舒服服地窝在床上。但你想起来，要是自己不去上班，老板恐怕会不高兴；你又意识到，如果待在家里，往后几天就得加班加点地赶上工作进度；你又想起你的绩效考核情况表明你工作不太上心，而且自己的账户上只剩 17 美元了。只需一两分钟后，你就已经在洗漱了，你的配偶或伴侣以及那张舒适又安逸的床已经被你抛到脑后。

这一两分钟里发生了什么呢？你想起了如果你只凭冲动行事，而不做明智的事，会发生哪些消极的后果。换句话说，你明智地权衡了行为的短期收益（多享受几分钟舒适的床和暖心的伴侣）和各种短期、长期的代价（发怒的老板，可能会丢掉工作，加薪无望，经济上的风险以及名誉不保）。可以说，把负面后果具象化的方法对于激励我们对长期目标负责并采取积极行动卓有成效。

抽身退出，观察冲动

　　另一种方法是在闹钟响起的时候观察自己的行为。你会注意到自己往往有强烈的冲动要待在床上，毕竟天还没亮，爱人也还睡着。接着你会观察到，只要不依从这种冲动（不顺着冲动行事，而是仅观察它），这种冲动就开始自然退却了。

　　有趣的是，只要我们观察这些冲动，就会让它们失去力量。你或许曾有过这样的经历：电视上、电台里大声放着广告，你感到一种冲动，觉得自己必须照做（"今晚十点一定要看我们的节目！"或"买了我们的产品，才是好父母！"）。但只要你留意到（观察到或记起）广告只是想让你花钱买某个产品，这种迫切的冲动就烟消云散了。也许你最后还是会买，也许不会买，但这是你在两者中主动选择的结果，而不是一时冲动的后果。观察自己的冲动是一种极为有效的方法，能消除我们反应中的一部分情绪性行为。如果不作出反应，冲动也就不值一提了。

把忍受冲动的积极结果具象化

　　我们再次回到闹钟响了而你还想赖床不起的例子上。这种时候，不妨展望一下你今天准备怎么过。你可能会意识到，你今天要完成一个出色的项目，你又为第一套房子的首付添砖加瓦了。你还会想到，公司里有一帮人等着你，大家一起努力的感觉很好，有好几个同事挺讨人喜欢的。一两分钟后，你就兴冲冲地起床洗漱，然后上班去了。

这个例子和前面说到的例子的差异在于前者利用你避免产生消极后果的动力，而后者则利用了你取得积极结果的动力，两种方法都有效。你更适合哪一种方法呢？

如果你和伴侣陷入了令人不快的消极情境，你可以选择任何对你有效的策略。也许牢记自动、不友好的回应方式会给双方带来很大的伤害会有帮助，也许展望感情顺利时美好的生活能帮你摆脱"暴怒"的状态。你还可以观察自己在冲突中的行为，这样也可以激励你改变每次都导致严重冲突的对话模式。

练 习

1. 关注争吵带来哪些后果。留意观察反击伴侣带来的后果。当你的伴侣用言语攻击你时，你感到受伤害是必然的。但你必须意识到，如果你用同样的方式回应，对方只会对你展开更加激烈的攻击。如此恶性循环下去，你将不得安宁。

2. 想一想在最近的一次争吵当中，你做了什么让事情变得更糟。全心地留意你的所作所为此时如何让事情变得更糟。无论你的行为在平时多么合理和正确，现在只会让你更加得不到自己想要的结果。平和，减少冲突，付出更多的关爱。

3. 想象一下，在你的伴侣对你出言不逊时，你抽身退出。留意你如何在自己的价值观指导下行动，使你和伴侣都更加可能获得自己想要的爱、亲密感和相互理解。试着对自己勇敢的行为感到自豪。

4. 尽可能多地找到导致你冲动行事的触发词，并把它们写下来。

5. 列出你在受到言语攻击时，能马上将注意力转移到哪些事情上。这些事应使你能容忍攻击，不去反击对方。你会对自己说什么？你的注意力要转向哪里？有什么事能分散你反击对方的冲动，平息你的愤怒？

6. 对于伴侣的触发词，你过去自动、消极的应对方式有哪些积极和消极的结果？如果采用新的、更中立的或建设性的应对方式，会带来哪些积极和消极的结果？具象化这些结果。

7. 在不同的日常情境中观察自己的冲动。你是怎么放下这些冲动的？找出对你最有效的策略，学会在和伴侣的高度冲突情境中使用它。

第二部分

如何与伴侣积极共处

第 4 章

共处时真正"在一起"

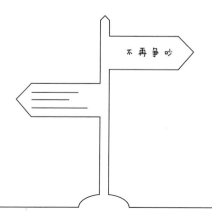

不再争吵

伴侣之间不断的冲突会让亲密感减弱，导致双方不愿一起行动。哪怕看起来两人在共同行动，实际上他们也只是貌合神离、剑拔弩张。只要对方表示出一丝厌恶、不以为然的迹象，或表现出进一步的疏远，自己就仿佛惊弓之鸟，会过度警觉。他们也可能干脆无视对方，紧闭心扉，即使此时伴侣就坐在桌子对面或与他/她共枕而眠，也只愿独自面对一切。本章将重点讨论如何在两人共处时把注意力聚焦在当下，抛开负性情绪和消极思想，放下戒备，真正享受共处时光。

让自己专注于共处的体验

选择给情感"充电"的专属地点

　　或许有时你会发现，你和伴侣之间竟有许多矛盾冲突，积极互动寥寥无几，恩爱荡然无存。你们总是带着防御的心理面对各种情境，时刻准备为鸡毛蒜皮的事大吵一架。这说明在一些情境下，你或伴侣做了些什么事其实并不重要，情境本身就会"条件反射"地带来负性情绪唤起的提高。假如你们总为家庭琐事、子女教育、性生活、家庭经济或如何共度时光等话题争吵不休，那么这些话题只要在情境里出现，就足以条件反射般地引起愤怒、过度解读和对伴侣大量的负面评判（"他又要让我……真是自私自利""她又要乱来了""她又要和我唱反调"或"他又要责怪我了"），以及对自己的评判（"我又要把事情搞砸了"）。针对这样的情境，你需要在陷入困境之前及时进行条件反射重建。还好这不算一件难事。

条件反射与条件反射重建

情绪要么是对情境的"自然反应"，是规范、可以预测的；要么是一种"条件反射"，是不规范的，那些不熟悉你们关系的人也无法预测。例如，夫妻双方都要工作，孩子们今天只上半天课，该由谁去接孩子的问题使得忙碌的夫妻俩都备感困扰。谈到这个话题时，如果伴侣一方或双方都感到焦虑是正常的，那么情绪是容易预测的。然而，现实中夫妻俩表达出来的情绪却可能是愤怒和憎恶。这可能是因为过去碰到相似的情况时，两人间的商量升级成了争吵，让结局颇为难堪，也让双方的感情受到了伤害，彼此都感到失望和懊恼。两人的相互评判迟早会使这些感受上升成受伤和愤怒。所以，现在，在类似的情况里，双方还来不及协商，甚至还未开口，愤怒就已经占据了心灵。

为了有效行动，双方就必须使这种情况重获平衡。其中一种方法是重建该情境的条件反射，激发出更加规范的情绪类别和强度。有多种方法可以做到这一点，但其中最有效的大概是把一个特定地点和感情联系起来，或者把特定的实物作为条件刺激、激发相反的情绪。

选择地点建立条件反射，重燃爱意，取得平衡

你先在家里找一个舒适的地点，它不能引发任何消极的感情，也不能是你们曾经吵过架或是你躲起来生闷气的地方。这里应该是能令人感到安宁、舒适和平静的地方。你可以选择一个房间，也可以只选择一把你喜欢的椅子，甚至一个枕头或垫子，放在地上阳光能照到的地方，又或者就选一扇窗或暖气片的边上。你可以每天花上几分钟，在这个地点持守正念，告诉对方他/她对你有多重要、你有多爱他/她。只需短短几天时间，这个地点就会和你对伴侣的温柔爱意联系在一起，这就是你的感情专用地点。这种做法积极地把这个地点设定为你的专属位置，用来让你重新燃起对伴侣、对感情和对婚姻的热情。如果你心情低落，想要安抚自己的心灵，那么还是换一个别的地方比较好。这个地点能且仅能用来做一件事：让你心中充满对伴侣的挚爱，回想你们的恩爱。

这里就和"充电站"一样，你存进多少能量，才能取出多少能量。如果你能时常在这个位置温柔、保持正念地想象你的伴侣，下一次感到棘手的情境就要开始时，你就可以再到这个地点来给自己的感情"充电"。只要走到这里，你就会回想起自己心底保存的关于伴侣和感情的那些美好和重要的事。这就好比在你

内心深处被怒气笼罩的地方点亮一盏明灯，让你看到被隐藏在内心深处的爱情和誓言。你要做的就是照亮它们，找到它们，重新忆起它们的存在和意义。

用一个纪念物盒、一本相册或一本书来建立条件反射

另一种建造感情充电站的方法是用一些实物来唤起那些情感和想法。它们可以是剪贴簿、相册、盒子或收纳箱，用来放置那些令你想起伴侣可贵之处的东西，提醒自己你们的感情究竟意味着什么。你可以把一些物品放进剪贴簿或盒子里，用来让你想起伴侣，想起你们彼此之间的爱，以及你们一起度过的美好时光。你可以放些有趣的活动照片、结婚照和蜜月照、伴侣和孩子们的合照；也可以放些你们一起参加的活动的票根、登机牌、火车或游轮票根、伴侣的一缕头发、他/她儿时的一张照片、他/她送你的一件首饰（比如结婚戒指）；还可以放些你们俩一起吃的幸运饼干里的小纸条、他/她最喜欢的麦片盒盖、伴侣送的生日贺卡、信件、电子邮件或伴侣写着爱你（或爱你哪一点）的便笺纸……只要它们能唤起爱情，而不是恐惧、伤心和愤怒，你就可以把它们放进去。

就像上面提到的巧用感情专用地点一样，使用感情备忘簿或

收纳盒也需要勤加练习、持续关注。记住它只有一个作用，就是帮助你达到平衡和找到有效的方式。如果你定期花上几分钟或者每天练习一次，通过这些纪念物对你的伴侣保持正念，就可以让它们发挥最大的力量，激发温暖的爱意，使你全心全意地活在当下，情绪平静。长此以往，这一套感情的纪念物就会成为你感知内心、感受真我的得力帮手，帮助你了解伴侣和自己希望从感情中得到什么。

表现出自己愿意互动的态度，而非一心求胜

哪怕你的负性情绪条件反射已经存在数月甚至数年之久，当形成对一个地点或一套实物的条件反射后，你就有了与之抗衡的利器。你可以用不同的方法使用这些地点和实物。

首先，你可以每天利用它们来帮助自己保持正念和平衡，用真诚的爱意平衡那些条件反射般出现的负性情绪。在你的专属地点或纪念物上多花几分钟，就可以使你和伴侣对彼此的爱和承诺都变得更加显著、更加触手可及。你就不会再那么容易被困境吞没，你对感情和伴侣最真切的愿望也不会那么容易笼罩在阴影之中。你和伴侣携手直面困境，心中不再不安，反应性降低了，条件反射般的负性情绪也就会减少。

其次，在困境到来之前，你要有针对性地使用这些地点和物品。要是你知道你们需要讨论谁在工作日的中午去接孩子，而且你们之前已经因这个话题吵过好几次架，带来不少的负性情绪，那么你就可以走到自己的专属地点或找出纪念物。它们就像一道光，把正念的觉知照进心灵，让你想起自己解决问题的决心和你对伴侣的爱意，告诉你即使发生冲突对方也仍爱着你。当你的情绪平复下来，你们就可以开始这段谈话，此时你的情绪很平稳，也不会受先前的条件反射性负性情绪的制约。

在情感和认知上增加共处

专心体验自己的生活

在痛苦之中，哪怕心底感到孤独，伴侣之间也会选择彼此远离。这种疏离可能发生在所有层面，包括身体上、情感上、言语上、认知上或生理上。但是这种疏离很容易被忽略，因为它主要发生在人们的内心，而且只是注意力的一种机能。因此，增加共处不仅意味着多花时间在一起，更意味着在同处一地时，无论双方是否在做同一件事，都要在认知和情感上增加共处（哪怕实际上并不在一处也一样）。

共处的关键在于用你的专注、非评判的觉知来聚焦当下让人愉悦的事情。注意力不足也不是一无是处，你可以借此短暂逃避那些你不喜欢的事。然而逃避实在得不偿失，它就像严重的毒瘾一样，你的胃口会越来越大，使得逃避也越发困难。

我们本来只想逃避不愉快的事，但不久，逃避行为就会造成更大的麻烦：逃避原本只是一个"解决方案"，它本身却往往比要解决的问题更难对付。我们开始需要更大的干扰，更多的噪音，更刺激的游戏，更激烈的体验，更响亮的广告……一切都需要更大、更多、更强，才能让我们免遭那些可能存在的痛苦（或是我们担心会发生的痛苦）的折磨，安宁和平静从此难寻踪迹。我们越是用那些不需在意的事来分散注意力，就会发现生活越发不幸。我们本该把时间更多地花在那些真正重要和有意义的事情上，去体验当下，做我们能做的事，但这种时间却变少了。

　　如果你真的想和伴侣共处，可以考虑关掉电视（一晚上，也可以一星期或更久），不要埋头在其他电子设备上，停止酗酒，也不要用其他物质阻碍自己专心体验生活。你至少要在自己的生活上多停留一会儿，看看会发生什么样的变化。关键并不在于这些事情都是错的，当然也并非如此。

　　然而，哪怕是那些在某些情境下令人放松、愉悦又无害的事情，到了另一些情境中也可能是坏事。你可能会在这些分散注意力的事情中度过一生，而你躲开的却是自己的人生，那里面有你自己，也有你爱的人。

消极共处与积极共处

共处时不要各怀心事，而要关注对方

不管一对伴侣之间感情有多么不和，冲突有多么频繁，一般来说两个人还是有大量相处的时间的，例如共处一室、默不作声地同坐一张桌前或一个沙发上、同床共眠等。然而，这些时候他们之间可能并没有互动，两人都没有把自己的注意力放在对方身上。这种情况一般称为"消极共处"。事实上，哪怕两人表面上在一起做事，例如一起散步、看同一个电视节目或是同桌吃饭，伴侣双方也可能只是各怀心事，并没有留意或关注对方。这种消极共处本身并不会导致冲突升级，但本来两人可以利用共处的时间练习和谐共处以抚平孤独的心情，降低负性反应，增进双方的亲密关系。然而每次身处消极共处的情境中，伴侣就失去了练习的机会。

此外，消极共处可能会带来以下风险：伴侣双方可能把负面注意力大量聚焦于对方身上，想起对方过去的许多负面行为，想象对方将来会做出哪些负性反应，在心里偷偷评判、责怪对方，让怒气逐渐升级，最后在头脑里拉响"红色警报"，一旦对方做了让自己不开心的事，就开始对其进行言语攻击。这种情况很容易反复发生，接着恶化成过度警觉，令人筋疲力尽。

相反，你也可以意识到彼此的存在，关注对方的一举一动，那么无论你们是否同在一处，无论你们是否在一起做同一件事，你们都能感到配合默契，变得更加亲密。这种与消极共处相反的做法可以减轻压力，改善周围的情绪氛围。

实际上，这里运用了第 2 章中介绍的关系正念技能，例如提高对对方的觉知，无论伴侣与你在同一个房间还是同一栋楼里，请放下评判。关键是不多想，不过度解读，也不评判你的伴侣；不把时间精力耗费在关注你的伴侣没有做的事情（你希望对方做的事）上。你要做的就是单纯地关注对方身处此地，留意那些他 / 她可观察、可描述的行为。

假设早晨你的伴侣正在淋浴，而你则在穿衣整装，你可以只关注他 / 她就在那儿，和你同处一室或就在隔壁，准备好迎接这新的一天。此时你心里只需要描述："我正在穿衣服，他/她正在淋浴。"你只要关注在这一天里，你们在一起。假设他/她正读着报纸，而你在看电视、读书或与孩子玩耍，你也可以留意并描述："他/她就坐在那儿，看着节目，面带微笑（或专心致志，或兴味索然）。"再假设饭后你们一个收拾桌子，另一个洗碗、陪孩子们玩或只是在休息。你不是埋头关注自己的事，也不对伴侣做的事（或他/她做事的方式）加以指责和评判，而是只关注你们俩正共处一室，留意并描述他/她的行为。如果你发现自己开始多想，你的思维陷入一大堆对伴侣的抱怨（也可能是忧心忡忡，或是想象伴侣对自己的抱怨，从而心怀怨怼）中，此时要控制住自己，把注意力重新转向关注他/她实际上在做什么，只去留意和描述。只要强化这种觉知，不指责或评判，你就能有效地让你们更加积极地共处。

积极共处意味着在情感上相互依存，放下评判和批评（哪怕只是暂时也好），欣赏、享受彼此的陪伴。你没必要非让自己或伴侣做点什么或说点什么，只需继续做自己手上的事，同时保证自己能觉察到伴侣也和自己在一起，会和你共度人生，至少此时是同处一室。

如果你的伴侣也愿意练习这个技能，你们就可以同时默默地觉知对方：你偷偷欣赏着你的伴侣，而你的伴侣也正悄悄欣赏着你。就算你们都不打算说出口，这也是非常温馨的画面。双方共处时真心在一起，能使一对伴侣不再孤独，心平气和，就算此时其中一个人想要谈一谈，双方的负性情绪和反应性也降低了。

交互式共处

伴侣必须"在一起"做事情的情境多种多样，比如做家务，管教孩子（一般为亲子互动或教育孩子的行为），拜访朋友或家人，性行为，或其他协调家庭生活的行为。其中大部分情境还牵涉协商和讨论，如果你们有过冲突，进行协商和讨论就会进一步引发焦虑。有些事情即使是积极的，但在高冲突关系中，它们也会受到负性情绪的影响，使人们无法像平常一样积极地面对这些事。

冲突情境

冲突情境默认的行为模式是双方剑拔弩张，时刻等着对方犯错，随时可以相互指责。有时候为避免冲突，一方甚至可以放弃、无视想要的东西（但往往又陷入挥之不去的憎恨中，觉得对方得逞了），这并不算共处。

例如，凯莎和沃伦经常因谁在家里该做什么争论不休。两人争吵时都认为对方在讨价还价，不想承担责任。这种争论经常升级成唇枪舌剑，甚至有时孩子在场也不避讳。因为这些争论经常发生，又往往太过激烈，凯莎和沃伦心有余悸，常常相互回避。有的时候，他们其中一个会去把家务做完，但全程都怨气满腹。两个人只能注意到自己完成的家务，却看不到对方干的活。凯莎一边清理卫生间，一边想着："从来都是我收拾厕所这一堆恶心的东西，沃伦从来就没有收拾过，真是太不公平了。"沃伦则一边清理冰箱，一边想："架子上滴得到处都是油水，这恶心的东西从来都只有我来清理，凯莎从来就不收拾冰箱，真是太不公平了。"可见，双方都没能注意到对方做的苦差事，自然也就无法在言语上表达认可，更不要说彼此欣赏和感激了。有朋友来吃饭时，到了要收拾碗碟的时候，双方都认为对方"欠"自己一次家务活，所以都拖拖拉拉，不去收拾。自然，这又向双方验证了对方有多懒。收拾碗碟这件事往往又以争吵告终，两人相互谩骂（常扣的帽子是"你太懒了"或"你太不负责任了"），又让受伤的感情和负性情绪蔓延到其他行为中去。

在消极反应模式中，过往情境引发的情绪和评判决定了你的行为。积极反应的模式虽比较难做到，但对于创造更加和谐的生活、驱散恐惧和憎恶至关重要。这种模式需要双方找到在当下共处的方法，进行协商，哪怕有冲突的可能也不退缩。其中一方要把自己作为伴侣、感情中的一分子来思考和体验，不要把对方当成对手或仇敌。要做到这一点，双方就需要慢慢习惯以"我们"的身份，而不是"你和我"的身份来共处。

在任何冲突情境中，我们应该迈出的第一步都是树立明确的目标，觉察双方分别在做些什么以及眼下的情境如何。首先，描述情境，随后留意并描述你自身的体验（思想、舒适感、情绪和感受）。其次，留意并描述你的伴侣，他/她此时在做些什么（站着或坐着，诸如此类），他/她的面部表情是怎么样的。注意你们此时正在一起做事情。如果碰到有过冲突历史的情境，留意你把不安、忧虑带入了情境，而你的伴侣可能感受到或看到这种不安（哪怕他/她对此并未全然觉知或是并不认可）。最后，深吸一口气，你要明白，只要不受前一次冲突的约束，情况就会好转，同时放下你的忧虑。你要知道，最坏的结果不过是再一次争吵（并不愉快，但也并不罕见），只要你能放下忧虑，体验当下，活在此时、此地，争吵的可能性就会不升反降。

假设沃伦和凯莎刚结束了一次晚餐聚会，不同的是这一次他们俩都读过本章的内容。沃伦开始清理餐桌，将桌上的碗碟拿到厨房。此时不安在他心中涌动，他产生了这样的想法："凯莎估计又要让我干大部分活了，真是不公平。"但这一次他控制住自己，并意识到凯莎其实也在清理餐桌。他决定试着抛开过往，关注当下。他留意到凯莎一脸疲倦，但还是把碗碟拿起来送进了厨房。他想起，朋友们到的时候，自己忙着给他们倒饮料，陪他们聊天，而凯莎做了大部分的菜肴。他感激凯莎做了这些美味佳肴，也感激她虽然已经精疲力竭，但还在帮着收拾碗碟。他想到她可能比自己更累。他留意到她有多美多有魅力。凯莎到餐厅里去拿碗碟时，沃伦对她展颜一笑。沃伦留意到她也报以微笑，似乎对于和自己一起做家务感到轻松愉快。

朋友们走后，凯莎本来想到浴室里待一会儿，避免和沃伦一起收拾餐具。她并不是不愿意收拾，但鉴于他们过去总在这种情境中争吵，她累坏了，不想再起争端。她开始想："每次都是我做这些杂务，我实在厌烦透了。我忙着做饭，沃伦却只知玩乐，所以现在该轮到我坐下来好好休息一会儿了。"但她随即想起两人都曾保证要努力练习关注对方，放慢脚步，共处时真正"在一起"。所以她决定试着把注意力集中在沃伦身上，和他一起做家务。接着她想起沃伦在朋友们到达前几分钟用吸尘器清扫了客厅（客厅一尘不染），她做饭的时候他还给朋友们倒了饮料，上了餐前小点。她留意到，他一开始打扫时还有点气鼓鼓的，好像马上要爆发了，但后来还是干劲十足地往返于厨房和餐厅之间，把桌上的一堆碗碟拿进厨房，放到热肥皂水里，再回去取下一批。来回几趟之后，他看起来好像更轻松了。她也继续干活，因为注意到两人在合作，她感到和他又亲近了一些。虽然两个人都一声不吭，但当她从厨房走回餐厅时，沃伦对她微笑，她感到心都融化了。她也报之以微笑，心里的不安瞬间烟消云散，事实上，她整晚都没有像现在这样觉得和他如此亲密。

你们着手一起做事时，请把注意力保持在当下。你在做些什么？你的伴侣在做些什么？保持描述性，放下评判、过度解读和其他一切想法，把你的注意力集中在要做的事本身，留意彼此都正参与其中，不要对自己或伴侣做任何的评价，留意所有温馨的感觉。万一你觉察到了负面的情感，发现注意力已转向评判、指责或担忧，请把注意力重新转回留意并描述自身、伴侣以及你们共同参与的活动上。根据需要重复这个过程。

这项练习绝非易事，但它能使你们在共同的活动中避免冲突升级，减少争吵的可能性，使你们更可能实现愉快的互动。这个技能也可以只在脑海中练习。在做事情之前，你就在大脑中演练留意和觉察，这样，当真正开始做事情时，你已经准备好了。当然了，你也可以把这个技能和前面说过的感情正念助手（感情专属地点和纪念物）结合在一起。后面几章将会论述如何把这些原理应用在谈话、更激烈的互动和协商当中。

愉快的非冲突情境

其实，学会共处并不只适用于冲突情境，也适用于那些愉快的情境，以及那些只需对处理方式稍做改变的准愉快情境。感情中可能有其他麻烦事和来自对方的大量的否定，所以哪怕到了愉快甚至激动人心的情境中，你也可能会下意识地抽身退缩。如果存在这样的情境，你就更应该在共处时进一步地互动。

上述原理和技能也适用于愉快的非冲突情境。出人意料的是，这些情境并不让人痛苦，也不存在冲突，却让人更难记得要用上这些原理和技能。但如果双方能一同全身心地投入有趣的事情中，用好上述原理和技能，就可以得到更多乐趣和享受，也可以得到更长期的收益，因此这份努力是值得的。这里说的不仅是指那些有趣的娱乐活动，也包括和孩子、父母以及其他家庭成员一起做事情，例如，一起玩游戏、做饭，以及其他充满乐趣的互动，比如牵手、亲吻、拥抱、谈笑、策划活动等。你们只要能一起进行以上活动，全身心投入当下（把你的注意力和意识聚焦在当前的活动上），就会让所有的事情变得更有乐趣。

这些技能的目的仍旧是把意识充分投入当下的情境。你要留意并放下那些不安的情绪，不要抑制自己的热情，不对自己或伴侣作出任何评判。你要真诚地把注意力投入活动中，仔细观察自己的情绪和伴侣的反应，以及你们两个人的互动方式。你要让自己沉浸在美好的感觉中，不要打断或压抑这些感觉，也不要去思考这些感觉。你只要去感受，去享受，去留意，投入到这些感觉和当下的活动中，并尽可能多重复几次。在第 5 章中，我们会讲述如何给感情重新注入活力。在第 11 章中，我们的重点是亲近和亲密。我们将在这两章中回顾这一点，但目前我们要开始练习"共处"的技能。

哪怕不在一处，也要积极"共处"

即使你们并未身处一地，也要时刻心存伴侣，保持对伴侣的觉知。因此在那些两人分开度过的白天或晚上，务必想着你的伴侣。你不要让某些消极情境或刺激占据上风，重要的是要积极主动和有目的地每天留出一两分钟，把注意力集中在伴侣那些让你喜欢、欣赏、尊重，让你感到亲近，让你珍视他/她的事情上。想象你的伴侣正在做这样的一件事：和孩子玩，对你微笑，爱抚你的肩膀，努力工作。留意你的感受，30 秒或 1 分钟以后，就可以回到你手头正在做的事情上。

练 习

1. 按文中的方法创建一本感情剪贴簿、收纳盒或相册（其他形式也可以），每天用几分钟的时间使用这些纪念物。或者按前文所说选一个给感情正念"充电"的地点。

2. 你通过做哪些事来放松自己，逃避生活中的压力？把它们列出来。批判性地评估这份列表：这些逃避的手段有效吗？你是否在滥用它们？它们能帮助你全面体验生活，还是使你偏离当下的生活？如果有任何事情使你无法聚焦当下、体验生活，就下定决心少做这些事情。试着提高自己对生活的正念，你可以利用转移注意力的事来提高生活质量，但不要逃避生活。

3. 如果你比伴侣更迟入睡，或是比对方早醒，就花几秒钟的时间留意你们同床共眠，同盖一床被子，感受彼此的体温。你只去留意两人一起躺着，睡在一起（哪怕你们俩实际上完全没有触碰彼此），而不是两人虽然睡在同一张床上，却同床异梦。

4. 回想最近一个导致争吵的情境，在心里重建这个情境，从头再来一遍。但这一次你要练习更有技巧地处理它。保持描述性，专注当下（放下评判和关于之前那些冲突的想法），关注你的伴侣，描述他／她在干什么。留意你也在一起做同样的事。不断在脑海中演练新技能，直到你能比较容易地度过困境。

5. 关注你全天的正面情绪。一开始可以不限于那些和你的伴侣有关的正面情绪，任何情境中产生的正面情绪都可以。试着留意自己的体验，特别是自己是否对全面体验正面情绪有所保留。如果答案是肯定的，那么试着放开，更充分地体会当下的感受。让自己"沉浸在"这种体验中，不要试图抓住这些感觉不放，也不要试图压制这些感受。

6. 试着创造一些小情境，让你们深情共处。选择一些无须额外花时间或精力准备的事，或只是一些日常活动，例如牵手，摩挲彼此的鼻子，一起或站或坐地看你们的孩子在屋里做着什么，或是一起欣赏窗外景色。单纯地留意并享受共处，还有什么能比和自己所爱的人面对面地对话、育儿、牵手、共看日落更美好呢？

第 5 章

重拾亲密：为你们的感情注入活力

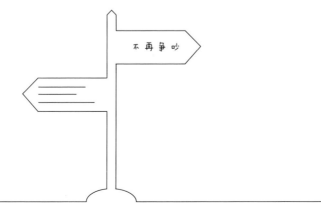

在你们的感情刚开始的时候，你们经常在一起做些开心的事情。有可能这些事本身就能带来快乐，也有可能正是因为你们在一起，这些事才显得独一无二。然而，当冲突升级，矛盾加剧，不仅这些开心的事被忘在脑后，其他你们一起做过的事也都已成为过往。那些共同的活动所带来的愉悦、欢乐、亲密的时光变得屈指可数，你们似乎失去了对彼此的热情，感情似乎已经开始枯萎。

本章的目的是帮助你们重新为感情注入活力和热情，花更多的时间共处和互动，帮助你们的感情重新焕发生机。本章也将重点讨论如何通过互相分享各自的经历，更好地享受你们分别度过的时间。另外，本章也将关注如何通过为伴侣做更多温馨、关怀和体贴的事情来重新激活你们的关系，而不需要任何附加条件。

享受更多共处时光

多花时间和伴侣参加各种活动

现在你已经对身体上的接近和情感上的亲密有了进一步的觉察，也能够更有意识地关注伴侣和自己的互动，而使事态不致升级成相互批评，能够享受共处的时光。那么接下来你们就可以以伴侣的身份一起更好地融入世界了。

很多伴侣认为有几个不同的领域对他们的共同生活至关重要，但不是每个领域对两个人来说都同样重要。你也无须为了使伴侣满意而在所有领域都要求对方分享自己的活动。有的活动虽然已经时过境迁，但可能你们过去共同做这些事时曾乐在其中。无论是哪种类型的活动，都既要考虑过去那些开心的事（和伴侣一起做的事或是分别做的事），也要考虑未来可能带来满足感的事。切记，你的活动越多样化越好。新颖的情境和活动能刺激我们的大脑，为生活带来乐趣。你可以先列出你想做的事，你的伴侣也可以列出一份清单，然后你们可以一起做更多的事情，保持开放的心态，勇于冒险。

增加与他人的社交和家庭聚会时间

你务必把自己视为伴侣关系或婚姻关系的二分之一，但这种认识必须建立在双方以伴侣的身份一起做事情、真实地共享时光的基础上。以伴侣身份一起参加的活动包括与朋友和其他家人进行的活动。当然了，你作为兄弟姐妹和自己的手足交往，作为子女和父母交往，或是独自（而不和伴侣一起）与朋友、同事或邻居社交都并无不妥，但作为一对伴侣和别的人一起做事也同样重要。共同参与活动时，你视自己为伴侣中的一方，和你共度时光的另一半也视你为自己的伴侣。

把自己的身份在一定程度上和伴侣绑定在一起，把自己视为一个两人团队的一分子是一种健康的想法。要想创建或强化这种"伴侣身份"，除了练习别无他法。你们可以邀请另一对伴侣进行四人约会，以伴侣的身份拜访家人，一起举办烧烤聚会，一起参加品酒会或品巧克力会（也可以自己办一个），等等。但在这些社交活动期间，请你一定要留意并享受作为一对伴侣和别的人一起做事的感受，保持正念，把它们看作共同参加的活动，或者一个使两人得以在世间共存的机会，不要使你们成为两个形单影只的个体。

一起参加休闲娱乐活动

生活常常令人应接不暇，我们总是花时间做自己认为"应该做"的事。随着时间的推移，无论自己还是作为伴侣，能让我们重燃热情的趣事都越来越少。当共处的时光带来双方的争斗，我们更倾向于独自一人窝在家中，或仅和朋友一起活动，把伴侣晾在一边，对伴侣间的休闲活动也弃如敝屣。如果一对伴侣家有子女，要找个保姆既麻烦又昂贵，他们此时若还想享受二人世界，就得花大价钱。即使要想作为伴侣与对方一起享受休闲活动，经济问题又增添了一重障碍。然而，我们要想把自己认同为对方的伴侣，就必须常常与对方一起做有乐趣的事。这样你才能放下戒备，重新燃起共同体验生活的热情，而不仅限于家务和那些"不得不"做的事。这样，无论是自己还是作为感情关系中的一方，都能从中获得力量。

列出清单，不断加入新点子

也许你对可以一起做的趣事已经心里有谱，也可能现在还没什么想法，但无论如何，请现在列出清单。你们可以通过头脑风暴合作列出单子，也可以分别列出自己的单子再拼在一起，还可以从朋友或他人那里征求创意十足的点子，但千万不要现在就写一些类似度假这样的大事。度假当然很美好，但前提是你们能在时间、地点和日程安排上意见统一、想法一致，时间和预算也足够充裕。现在要做的是想出能够经常做的活动，一天进行一次，最少也要一周进行一次。你们既不能在经济上不堪承受活动开销，也不该把那些需要耗费大量精力安排的活动列入你们的最终清单，因为安排这些活动的辛苦远甚于它们带来的享受。

当然了，如果你们有子女，不妨把活动的参与者名单加长，使它们变成家庭休闲活动。但若能把孩子排除在多数活动之外，哪怕每天只有几分钟或是每隔一两周只有一段时间也好，你们会受益匪浅。假如你们负担不起保姆的费用，可以考虑和朋友、兄弟姐妹或邻居互相帮忙照顾孩子。你也可以优先考虑那些在孩子们上床后、起床前或是周末下午和朋友们一起玩的时候你们能一起做的事。千万不要放弃，因为你们共度的时光太重要了，所以一定要先想好怎么安排时间。

帮助你开始的几个建议

当你们在通过头脑风暴列出可行的活动时，想想你们过去一起做过的哪些事既愉悦又能让你们亲近彼此，或是有哪些你们想要相互分享的故事，或只是愉快的共处时光。

如果清单上有一半以上的事都无须多少开销（或是在总预算以内），那就再好不过了。成本低廉的事有散步、远足等。一起去滑旱冰或滑冰，去逛街，去听免费或廉价演唱会，看展览、逛集市；一起阅读（短故事、诗歌、旧信件、日报或喜欢的杂志）；一起在网上搜索某个主题的信息，把旧照片放进相册里；一起唱歌、弹奏乐器，一起去图书馆，一起听借来的音乐带子；打开当地报纸的免费活动版面，闭上眼睛，手指点到哪里，就一起去哪里；出门喝杯咖啡，吃顿早餐，一起吃午饭，出去吃冰激凌或爆米花，看一场电影，看看街上的节日装饰。

在清单上列一些无须提前准备的事，偶尔可以随心挑选一件；带点冒险精神，带点创意，列上一些你可能永远也不会去做的事，一些你们从未一起做过的事，更要列上那些不循常规、充满挑战甚至异想天开的事。勇敢地去冒险，记住：只要你们能一起去做这件事，它就并不危险。

你们也可以选择一些在房子或者院子周围的活动，只要你们俩都认为它们看上去很有趣。比如，你们可以一起重新粉刷屋子或一起洗车，但是这些必须是带来乐趣的事，而不仅仅是一件家务。如果你们最后嬉闹着相互泼水，就再好不过了。但如果你们中任何一个觉得这只是杂活或者实在不愿去做的事（至少是现在不愿做的事），那么就略过它。不用把它从清单上画掉，只是暂时跳过。

你还可以选一些需要提前准备或计划，可能得花点钱的活动。或许下周或下个月有一场你们心仪的音乐会或体育赛事，门票供不应求，你就得提前去买票；或许你想要在你们过去常常光顾的饭店预订一张角落的桌子，你也要提早行动；如果你们想去划独木舟，去野营或是去滑雪，也得早点开始计划；如果想一起加入一个健身房、板球俱乐部或是运动场馆，那就得安排好预算。这些都是愉快共度时光的绝佳机会。

活动清单的重点在于不断更新。定期往清单上添加新内容，要是发现有的事难以实行，或是变得索然无味，那就把它们画掉。有些活动需要提前计划，记得在那一天到来之前提前安排好，留出充足的时间。万一首选的活动没能进行，你们也能换成其他活动。当然了，这些都要两个人一起提前做准备。

分享智慧、兴趣和想法

　　每个人的内心世界都丰富多彩，我们都有兴趣爱好、世界观和自己能如数家珍的事物，这种内心世界使我们成为独特的自我。有的人在意艺术、流行乐团、哲学、工作或人际关系，也有的人关心全球变暖、渐渐老去的双亲、新技术或服饰潮流。然而，如果我们一直都只把这些想法锁在心里，久而久之，我们的伴侣就会无从得知我们是怎么样的人，我们在想些什么、在意什么，他们再也无法明白我们的想法。有趣的是，我们最初能够相互吸引，喜欢上对方（现在也仍旧如此），很有可能正是因为我们有一些共同的爱好和想法。哪怕我们只是觉得对方讨人喜欢，这种想法产生的部分原因也是各自的一些爱好、知识和能力有些相似。但如今你已经不再了解对方，也就觉得他 / 她失去了魅力；如果过去在分享这些想法的时候受到了对方的责备或否定，已经很久不与对方谈心，现在要再打开心扉自然也就成为一件令人焦虑的事。

　　现在就向对方敞开心门吧，让你的伴侣进入你的内心世界，你也大方地走进对方的内心世界。你们很可能会发现，原来对方的内心世界令你那么熟悉和沉醉。

这里最重要的一点是双方既要了解共有的兴趣爱好，也要认同对方的焦虑心情，注意循序渐进。初期只要留出几分钟就好，你们俩轮流说说各自的想法或爱好，另一个人要做的就是倾听。但你们都不要说得太久，以免带来误解和时间上的压力。开始的时候可以留点空白，给对方一种意犹未尽的感觉，这样要好过说个不停。

同样，除了让对方对你的内心世界有个全新的理解，适当提高对方的期待值是更好的选择。你可以分享最近在报纸上读到的一件令你感动的事（或是让你激动、悲伤，带来希望或绝望的事），也可以把你最近的爱好或消遣告诉对方。你的伴侣如果最近特别喜欢某位歌手的一首歌，也可以与你分享。

总之，相互交流这样的事可以提高对对方内心世界的了解。没有必要夸张地回应对方，一句简单的"嗯""我都不知道呢"或是"有意思"就足矣。你喜欢的是嘻哈文化、乡村音乐还是古典音乐，都并不妨碍你的伴侣喜欢摇滚乐、萨尔萨舞或爵士乐。你爱对方，但并不需要与对方有同样的兴趣爱好。

当两人都卸下自己的防备时，你们就可以探讨这些事了。但一定要在双方都敞开心扉，对对方的观点感到好奇，哪怕双方兴趣不合或是观点相左也能相互支持的时候，你们才能展开更多的讨论。

分享心灵体验和价值观

每个人都有自己突出灵性的一面。这种灵性有时来源于宗教信仰，有时来源于社会、道德或个人价值观，又或者其他的偏好。不管是哪一种灵性，对大部分人来说，价值观、信仰和道德都是我们的核心要素。你要想做到分享自我，让你的伴侣和他人真正了解自己，就必须把这些核心价值观分享给他人。

从这个角度而言，你要为感情注入活力，就要学会和伴侣一起花时间分享自己灵性的一面。你可以围绕着一件时事（某个新闻事件可能会引起这种讨论），也可以围绕着育儿的问题（你可能需要帮助孩子培养你认可的价值观），还可以围绕着某一件灵修行为（比如祈祷、冥想等）进行分享。你们可以一起阅读有灵性的文本，探讨它们带来的意义，也可以谈谈你视为英雄的一个人物，解释他或她给你哪些启迪，还可以讨论为什么你对某位朋友、同事或公众人物的某个行为感到敬重或不以为然。记住，最关键的是通过分享并倾听对方在精神层面的想法和价值观，为你们的感情注入活力。

更频繁地发起、接受和享受各种性行为

健康的感情必定包含着健康的性生活。当感情在冲突和其他因素里消磨殆尽，性吸引力和性生活也就会渐渐衰退，导致伴侣一方或双方的性欲减退，甚至荡然无存。这可能是因为你们对性爱产生了倦怠感，也可能是因为一些感情以外的因素（孩子的教育、家务、睡眠不足或忙碌的工作），或是冲突导致了你们在性欲上产生了差异。但无论原因是什么，如果性生活出现了问题，那么你们的生活中其他方面也会受到影响。如果能使性生活重新活跃起来，其他感情问题也会显著好转。假如你需要重新激活你们的性生活，下面几个方面的有关建议也许可以帮到你们。

性和自尊

要激活性生活并不是一件容易的事。比如，你们中的一个可能一直在努力争取更多的性生活，另一方却一直兴味索然，对对方的努力产生抗拒。这时候要增加性生活就好像是一种妥协。也有可能其中一个人还没能对对方感到亲近和信赖，两人之间的爱也不够浓烈，因此无法真正在性爱中获得参与感和轻松感。

性爱当然是一件需要热情投入的事，但你只需要做那些你和

伴侣感觉对的事。假如你感到拘谨，请正视这件事，想清楚你的这种感觉对你和你的自尊是否重要，是否只是一种性欲衰退、性习惯问题或是由过去的不适引起的问题。如果它无关自尊，那么还是应该努力多做一点，用心去享受，努力战胜这种抑制感。当然，如果一件事让你无法感到自尊，就不该去做。

性忠诚和性不忠也是重要的因素。假如你们中的任何一方曾经在感情中对对方不忠，那么可以考虑一起到治疗师处寻求帮助，重建信任和承诺。如果你们从未失去彼此的信任，或是已经成功重拾高水平的信任感，那么激活性爱就可以帮助你们修复残余的伤痛，让你们从过去的问题中走出来。但假如信任还是摇摇欲坠或千疮百孔，那么在开始努力激活性生活之前，必须先重新建立起相互之间的信任。

性功能障碍

不少伴侣会碰到性功能障碍的问题。有些女性会有性交痛（阴道痉挛），有些女性则有性高潮功能障碍。有的男性会有勃起功能障碍或早泄的困扰。如何解决这些问题并不在本书的讨论范围内。幸运的是，目前对这些问题的疗法已经相当成熟。所以如果你有上述问题，就可以咨询医生或性功能障碍治疗方面的专家

（心理医生、注册性治疗师、婚姻咨询师等），以便得到完善的评估和治疗方案。

性爱并不只是性交

为了达到本书的目的，此处把性行为定义为任何在当下能够提高性吸引力或性唤起的行为。换句话说，性行为除了性交，还包括亲吻、牵手，以及任何带有性意味的躯体上的爱抚、依偎，谈论性行为也在此列。因此，性激活倒不是必须要做上述的每一件事，而是尝试做得更多。

首先，留意你们之间情感上的相互吸引，让伴侣在感情、身体、性方面吸引自己。不要抑制这种吸引，只去留意它，享受这些感觉。记住，你无须践行每一个想法，每一股冲动，每一次欲望，慢慢来就好。接着，热情地握住彼此的手，专心致志地感受对方的手在你手中的感觉（他／她同时也在这么做）。这个举动能让人愉悦，而且目前做到这一点一般就够了。但你也可以再进一步，爱抚伴侣的脖子、手臂、双腿或双脚。享受这种感觉，随心所欲，不要抑制自己的热情和欲望。你可以就此打住，也可以接着亲吻对方的唇、脸、脖子、身体，最后再到私处。

当然你也可以进一步地进行亲吻、性交或其他性行为。但无论你做什么，都要记得循序渐进（如果当时对方的行为热情而激烈），把注意力集中在行为本身上，好好享受当下的感受，也要留意你的伴侣是否也享受这个过程。重要的是你的伴侣在性方面的专注力在你身上，请你享受这种感觉。你要注意他/她有多么受你吸引，你的伴侣爱抚你、亲吻你、拥抱你、依偎着你有多幸福。你不要惧怕谈论你更喜欢什么和不喜欢什么，要始终尊重对方的喜恶。

美好的性爱需要指导和大量的练习

有些伴侣在性爱方面得心应手。他们可能天生就很合得来，相对来说更无拘无束，想象力更丰富，能够更好地正视自己的体验，同时正确面对自己的伴侣。但性爱其实也是一种技能。有些人可能天生并不擅长性爱，创意和技巧都不足以取悦伴侣，也可能他们比较拘谨。当然，性在我们的文化中往往是一个令人难以启齿的话题。这造成坏习惯易养成、难破除。和其他所有技能一样，你要想得到更好的性爱，就要勤加练习，获得良好的反馈。如果你缺乏相关的知识，与伴侣在性方面的沟通也不太顺畅，想成为高手就并不容易。幸运的是，目前有不少指南和手册能够帮助伴侣享受感情中的性。你还可以到当地图书馆查找更多资料。

享受独处时光，分享各自的感受

投入自己的爱好，分享各自的兴趣

现在，我们回到略显平淡但不失重要性的层面上，探讨如何度过那些与对方分开的个人时间，又如何利用这些时间来帮助彼此变得更加亲密，避免产生隔阂。

用各种各样的活动使人生更有活力是一件大有裨益的事。激活你的个体活动可以帮助你改善心情，提高活力，还能在至少以下三个方面使你和伴侣的感情更上一层楼：

1. 有活力，知足，意味着你与他/她相处起来更有趣，也能为你们的感情注入更多的活力。

2. 如果一对伴侣分别有自己的爱好和活动，那么他们可以把自己的体验带回感情中分享给对方，丰富对方对自己的理解和欣赏。

3. 如果你的伴侣有自己的朋友圈、自己的活动、自己的事情，那么你就不会有太大的压力，因为你不必限制自己的活动和兴趣迎合对方，可以更多地投入到自己的爱好中去。

但要想有成效，你必须做三件事情：

第一，保持平衡。也就是说，一方面双方一定要活跃地投入各自的活动中，保持自己的兴趣，但另一方面双方也要对两人共有的活动投入至少等量的关注。因此，双方不仅要参加大量个体活动，也要参加大量两人共同的活动，不要顾此失彼。毕竟平衡意味着两者兼顾，乐在其中（不要无视自己，也不要无视伴侣，不要在这个过程中让自己筋疲力尽）。

第二，一定要支持对方的活动。我们不要因为两人的兴趣和活动大相径庭就觉得自己被忽视了。支持对方是十分健康的表现。我们支持对方意味着为对方的幸福竭尽全力。当然如果你们也一起做各种各样的事，那么支持对方的个体活动就更容易了。

第三，谈论你们各自做的事。这个做法能建立起彼此间的信任，把彼此感到被对方忽视的可能性降到最低。谈论各自的活动还能使你们有机会表示对对方个体活动的支持。最重要的一点可能是谈论你喜欢或不喜欢某件事的哪些方面，分享你对它的看法，描述你所留意并体验到的一切。这样一来，那些你们分别做的事反而能够让你们更加亲近，因为你可以了解到你的伴侣喜欢些什么，他 / 她的动力来自哪些事，你也会因伴侣的成长和爱好而感到激动，因为他 / 她做的是在你本人的兴趣范围之外，或是想做而没有时间去做的事。

为对方付出行动，不带任何附加条件

不求回报地向伴侣表达爱和关心

　　在感情中，我们要时刻明确地表达爱意，表达对对方的关心和爱，但不要讲求回报。这一点很重要，但在生活的运转中这种行为却常常随着时间的流逝而消失，在高度冲突的关系中尤其如此。但是，假如你收到一条配偶的短信，上面说"我刚才在想你，我只是想告诉你这件事"，或者你正坐着读书，你的伴侣问你是否需要给你倒一杯饮料端过来，这是多么幸福的事。

　　这些透着体贴和温馨的小小举动能增进两人间的善意，也常常能激发对方贴心的回应。你做这些事的目的并不在于得到回报，而在于你想要这么做。因此，不要有任何的附加条件，更不要讲求回报。如果你不想刻意做什么体贴的事，这也无可厚非，但你可以更为对方着想一些。

你可以正式地列出清单，每天做一些清单上列出的事。你也不用那么正式地督促自己，可以更随心地做一些体贴对方的事。你能得到的回报是明白自己正致力于成为一个好伴侣，也会知道不管你的伴侣看起来是否注意到你的努力，他/她都能感受到你努力的结果。

那么，你可以做些什么呢？任何能传递爱意，展示对伴侣的欣赏的行为都可以考虑。你可以用一件贴心的事照亮伴侣一天当中的某个瞬间：给他/她一个微笑；给对方来一个背部按摩或足部按摩；早餐给自己烤面包的时候，也给伴侣烤一片；在灶台上留个字条，写上"期待今晚见到你"；做一件由对方负责的家务（也可以是以往没人做的事）。你没必要买什么东西，也不需要做什么非同寻常的事，只要做那些表达关心和爱的小事就好。

当然，如果你注意到伴侣为自己做了些体贴的事，务必对此保持正念。你不仅要说声"谢谢"，更要花时间来体会并享受这种关怀和爱意。花上一点时间，体验并享受伴侣努力与你亲近的行为，这样你也能够反馈这份善意，让对方感受到自己行为的效果。同样地，你也要努力表达爱心，关心和体贴你的伴侣，因为这对他/她来说意义重大。

练 习

1. 列出你的活动清单。可以一起想出点子，也可以各自列出一份清单，再整合成一份。定期更新清单内容。从清单上选出一些活动，接下来几天内一起完成它们。保持正念，共享时光。至少每周一起做一些有趣的事，经常想想如何让你们的感情保持活力。在日历上写下要做些什么，可以是你们具体要一起做哪些事，也可以是你们要用到的时间段（在这段时间里，你们可以随心所欲，做任何想做的事）。

2. 和你的伴侣达成共识，敞开心扉，分享各自的想法，对对方的想法保持兴趣。和你的伴侣分享自己的价值观和你有灵性的一面。认真倾听你的伴侣对你讲述他/她的感悟或价值观。切记现在不要对这些想法表示否定或质疑，重要的是了解她/他的想法和感受，以及他/她的价值观，如有分歧，可以以后再解释。

3. 经常和伴侣讨论性爱。为性生活专门留出时间。你可以提前计划要做些什么，也可以临时才拿主意。但无论如何都要用热情和正念的方式投入你选择的性行为中，充分享受它，不要受担忧和评价的干扰。专注于性行为，专注于感受，专注于当下。

4. 发起更多的性行为。你可以提前做好计划（留出时间，创造一种理想的心情），也可以到时候依感觉来决定。留意你们之间的吸引力，你的欲望和感受，保持正念。留意你的伴侣对你发起的性行为是什么反应。

5. 想出（或写下）十条以上体贴对方的小事，一定是那些你可以为伴侣做的，而且最近没有做过的事，然后每天做一件事。你的行动要真正出于你对对方的关怀，而不是因为你不得不这么做。欣赏你自己做这件事的技巧。

第三部分

如何与伴侣进行有效沟通

第 6 章

有效沟通：开启建设性的对话

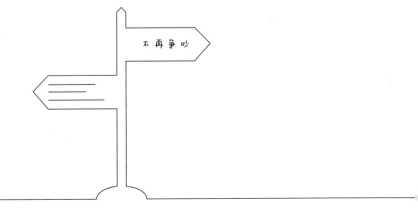

在前几章中，本书讨论了如何降低双方互动过程中的反应性和消极性，也讨论了如何消除由破坏性冲突引起的混乱局面，也就是如何放慢脚步，对你真正的愿望和目标保持正念，对伴侣保持正念，以及如何重新了解对方、激活关系。现在到了双方交谈的时候，让我们谨慎地开始。

伴侣两步舞

有效沟通包括准确表达和合理化认同

有效沟通包括以下两个步骤：一方准确地表达自己，另一方倾听、理解、认同。伴侣中的一方引领（表达自己），另一方跟上脚步（倾听并认同），双方时不时地交换引领和跟随的角色，这样，伴侣的"两步舞"就能继续下去。引导和跟随这两个步骤是一切有效言语沟通的基础。

这里很关键的两点是：首先，准确的表达能使对方更容易理解，从而表达合理化认同（传递这种理解）；其次，来自伴侣的认同和反馈有助于控制情绪唤起，这一点又回过头来使准确表达更加容易。这个过程循环往复，形成图3中的循环。

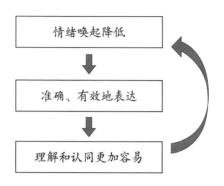

图 3

　　本章将重点讲述伴侣两步舞中的第一步：准确表达。第 7 章和第 8 章将讨论第二步：合理化认同。后续的章节将扩展这两个步骤为更精细的形式，旨在以多种方式满足您和您的伴侣的需求。

在你开口之前，你为互动带来了什么

专注真实的目标，对话前保持自我平衡

有的时候，伴侣双方不用言语就能知道对方的感受和情绪。也有的时候我们以为自己明白，实际却错得离谱。沟通并不仅限于言语，还包括其他许多因素。例如，你的面部表情就可以表达出大量信息。面部表情包括了你面部肌肉的紧张程度、嘴唇动作的幅度、眼睛睁开的程度、眉毛的形状、视线的方向和眼神的专注度、鼻翼张开的程度等等。身体语言则包括你的肌肉紧张度（哪些肌肉紧张，哪些肌肉处于放松状态）、姿势（是向前倾还是靠向后方）、手臂和腿的位置（双臂是否交叉 / 双腿并拢或张开）、动作（活跃还是静止）、呼吸（放松还是沉重），以及其他能够传递潜在情绪和唤起水平的活动。

所有的这些小动作既能掩盖我们的情绪，又能在细微的责备、评判和敌意出现时把这些情绪暴露出来。更糟糕的是，再细微的面部表情和身体动作都可能被误读。例如，鲍勃要提起一个麻烦的话题，他感到不安，并试着掩盖这种情绪（可能他还想用不同的方法来提起这个话题，使得讨论更加有效），这时苏很快发现鲍勃正"掩饰"些什么，并立刻因此感到生气，责怪鲍勃"不诚实"。事实是鲍勃在开口之前就没能准确地表达自己，苏也没能认同鲍勃的不安和好意。如图4所示，苏对鲍勃的否定让鲍勃的负性情绪唤起提高，使他更难准确地表达自己的初级情绪、真实需求和目标，这就很容易导致进一步的沟通失败，甚至发生冲突。

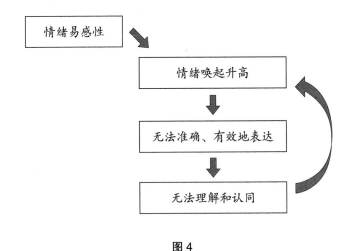

图4

因此，正念是通往有效、准确表达的起点。勇于面对自己的情绪（当然必须是初级情绪），放下评判（放下消极臆断），活在当下，对伴侣保持正念。对你的长期目标保持觉知：眼前这个人与你彼此相爱。不管这件事有多困难，只要你能懂得更多的沟通技巧，结果就会有所改善。如果你处在高情绪唤起状态，开始对话前就先努力把它降低。如果当下负性评判在你的脑海中涌动（"她真是不可理喻""他也太情绪化了"或"我就不该这么做"），那么就该让自己更有技巧一些。你要把自己的注意力转向自己真实的目标，描述自己的感受和渴望，等到你的内心达到更加平衡的状态，然后再开始对话。降低你的情绪唤起，体验自己真正的初级情绪，在脸上和身体上表现出来，这样比试图掩盖自己的高负性情绪唤起有效得多。无论你的高负性情绪唤起是以敌对、评判的方式冲着伴侣而去，还是仅仅反映了自己真实（但程度极高）的焦虑和悲伤，这一点都真实无误。如果你能先花几分钟来进行自我调节，在对话前让自己的内心达到平衡状态，就会受益良多。

你可能要花上几分钟练习慢下来，回想自己的目标，留心你的情绪唤起，留意你用非语言形式表达的内容。这个过程会经常被伴侣或孩子打断，因此增加了练习的难度，使你需要花更长的时间才能掌握这个技能。但我们每天都需要在卫生间里待上几分钟，因此不妨把这里当成最佳练习地点（无论你事实上需不需要上厕所）。大部分朋友和家人都并不介意你在卫生间里待几分钟，对你为什么待在卫生间一般也不会多问。你可以在卫生间里不受打扰地待上几分钟，练习技能（练习正念，调节情绪），让自己做好准备和伴侣进行建设性的交流。另外，卫生间里的镜子为观察面部表情、面部和身体的紧张度提供了绝好的条件，让你能从镜子里得到直接的信息反馈。

你也可以积极地利用平常上卫生间的时间审视自身，关注自己的情绪唤起以及自己的行为，看看这些行为是否有效，当下是否需要做点什么改变才能让自己的内心重获平衡。从练习正念的呼吸开始，回到当下，放下评判。

探索内心的真实感受

情绪唤起降低时了解自己到底想要什么

当你的情绪唤起降低时，你可以问自己以下问题："我到底想要的是什么？""我真实的感受是什么？"相信自己的答案。哪怕答案模棱两可，也仍是最重要的信息。

要想真正有效行事，我们就得先知道自己真实的想法、感受和愿望。你大可以深呼吸几次，环顾四周，告诉自己并没有迫在眉睫的危险，你深爱的配偶或伴侣也爱着你。很重要的一点是，你得时刻提醒自己愿望的核心内容：互相关怀、满怀爱意、相濡以沫的感情。哪怕在恐惧、悲伤、沮丧、尴尬、痛苦的时候，你的愿望也没有改变（你既然已经读到了本书的这一页，这些应该就是你所面对的现状）。在这种情况下（认识到自己是安全的，记得自己的目标是改善感情关系），你就可以问问自己上面提到的问题了。对于你对自己的本心保持正念时心里想的是什么，你应该多多少少知道一点答案。哪怕现在你并不知道自己具体想要什么、感觉如何，你至少能感知到自己的不确定和困惑，知道自己需要更多的时间来想明白这件事。那么，此时你就可以开始考虑把你留意到的东西表达出来：你的感受、渴望，或是你现在的不确定。

接下来的这部分将帮助你进一步地掌握如何准确识别你通常的情绪和愿望，避开常见的陷阱和那些误导你、使你误解或不能准确表达真实情感和需求的事物。

什么是无效的表达

当负面情绪蜂拥而来，你就无法真实地表达自己

通常来说，有两种表达方式是我们认为不准确的。这两种表达方式都出现在高情绪唤起或评判水平升高的时候。第一种不准确表达指的是表达本身的不准确。比如说，当负面情绪蜂拥而来，你没办法表达自己真实的感受，能表达的就只有对这些感受的反应（或是评判）。你也可能顾左右而言他，或是对话题的重要性说得不合实际（过高或过低）。第二种不准确表达则是指某些你说的事，它们理论上来说可能是准确的，但实际上干扰了你真正的目标，使你无法说出其他可能更准确也不那么伤人的话。因此，我们仍认为这些表达是不准确的，因为它们不仅没能帮助你实现真正的目标，反而阻挠了目标的实现。

表达次级情绪而非初级情绪

有些时候，高水平的情绪唤起和评判会使初级情绪转变为次级情绪。而当我们表达次级情绪时，哪怕这种情绪与当时的感觉相符合，也不能算真正的准确表达。举个例子，蒂芬妮非常想念马克，满心期待能和他共度时光。但马克加班晚归，蒂芬妮因此开始评判马克。这时候，她的怒火一下就升了起来，这种愤怒模糊了她的渴望。但如果她仅仅表达这种愤怒（言语上或非言语上），马克可能永远也不会知道蒂芬妮爱他至深，希望能和他常相伴。马克可能会马上进入防御模式来应对蒂芬妮的愤怒。但假如蒂芬妮能放下评判，她就能立刻意识到，自己有多想念马克，多想和他待在一起。如果现在她开始为难马克，恐怕她得到的不是自己渴求的亲密，而是冲突和疏离。要想准确表达，蒂芬妮就需要放下评判，留意并描述自己的初级情绪。那么，她就会说："马克，你回来了，我太高兴了！你加班的时候我真的好想你！"这才是真实的表达。马克感受到这份爱意，也感受到回家的快乐（甚至从此还会想要早点回家）。另外，如果蒂芬妮真的希望马克能少加班，她可以用一种他能听进去的方式提起这个话题，准确地表达这个愿望。她会提出这样的请求是因为她想念他，想要和他更加亲近，而不是因为她很生气，觉得他做"错"了什么。这样，协商成功（详见第 10 章）的可能性就大大提高了。

在很多情况下，我们都会对自己的初始情绪或初始愿望本能地做出反应，结果就是我们往往会陷入次级情绪的泥潭，把自己真实的初级情绪和愿望忘在九霄云外。一切想法都会催生情绪，但我们常把这些情绪当成对事件本身的反应，而不是因我们对情境的解读和想法出现偏差而产生的后果。例如，露丝总是忙着照顾孩子和工作，她常常因为肩上的重担感到心力交瘁。理查德则不太在意这些事，只想着能和露丝更亲近一些。过去他们也常共度时光，露丝过去更有活力，对理查德似乎也更加热情。事实上，露丝现在仍然深爱着理查德，也想要同他更加亲密，她只是没有全部表示出来。

　　实际上，理查德的初级情绪是希望同露丝有更多共处的时间，与她更加亲近等。但他时不时会产生一种感觉，似乎露丝已经对他失去了兴趣，对他感到厌倦，或者单纯地不那么爱他了。在这些想法之下，恐惧自然爬上了理查德的心头。虽然他的想法与事实不符，但这种恐惧还是给他带来了巨大的痛苦，使他产生了大量令他痛苦的负性情绪。理查德开始在心里责怪露丝，对她吹毛求疵，怒气冲冲。如果露丝晚上在陪孩子，理查德会想："她就想避开我。"然后他开始对她的行为不满，仿佛在鸡蛋里挑骨头，不断对自己说："她就会一味地溺爱孩子，真是不应该。"或"她对孩子们也太没有耐心了。"这些评判显然只会带来更强的怒气和疏离感。理查德开始把对露丝的批评上升到言语层面。他满脸怒气地对她说："你要多陪陪孩子们，多一点耐心。"但下一次他又说："你在孩子们身上花的时间实在太多了，你这样只会把他们宠坏。"当然了，露丝也立刻开始反击："陪孩子是我的不是，不陪孩子也是我的不是。"两人因育儿问题产生争吵，这种争吵又会进一步蔓延到其他事情上。事实上两个人都是合格的父母，都爱自己的孩子，所以这些争吵实际上并不能解决任何问题。

这种情况很常见。理查德从未成功地表达过他心里的愿望：增进和露丝的亲密感。事实上他反而和露丝越发疏离了。通过练习，理查德学会了把自己的愤怒看成危险的信号。他意识到自己正产生消极反应，这种愤怒的反应（次级情绪）掩盖了那些更加重要、更加真切的心情。他的初级情绪是渴望与露丝变得更加亲密，也对两人间的疏离备感失望。通过定期练习，他学会了不被愤怒牵着走，只把愤怒看成一种信号。当发现自己开始生气时，他会停下来问自己："我是不是漏了什么？我是不是有什么求而不得的东西（渴望、失望）？是不是有我不喜欢的事（恐惧、沮丧和厌恶）发生了或快要发生？我的评判（'对／错''应当／不应当'）是不是在我的愤怒上火上浇油？"理查德很快明白自己心里真正想要的是增进和露丝的亲密感。他也发现自己不仅评判了露丝，还常常评判自己。他注意到自己会想"我不够独立"或是"我不应该因为露丝花时间陪孩子就吃醋"。他发现，如果他能接受自己的感受和需求，自己的行为就能更有建设性。在露丝陪孩子玩的时候，他如果能注意到心底那一丝想与露丝共处的渴望，就可以加入露丝和孩子们。他也可以微笑着拥抱露丝，对她说："亲爱的露丝，孩子们睡着之后我们能一起坐一会儿吗？"有了这样准确的交流，露丝也能热情地回应他。这对她来说并不难，因为通常她也很希望和理查德单独在一起。

不能描述自己的愿望和感受，而是加以评判

理查德和露丝的例子告诉我们，次级情绪反应和评判行为不可分割。这两个问题可以互相推波助澜。换句话说，在任何情境中，如果你开始评判伴侣，厌恶和愤怒往往也会随之升级。同样，你生气的时候大脑中产生的想法也通常是充满评判的。你可以自己验证一下，想想最近某位朋友或家人做的一件没什么大不了的事。现在，对这件事进行评判（这件事有点蠢，她/他应该更懂事些，这么做是错的，等等）。你能注意到什么？你可能开始生气，如果你认为这些评判是合理的，生气的可能性就更大了。反过来也一样。下次你生气的时候，留意自己会有怎么样的想法。这些想法是不是掺入了评判？如果你的答案是肯定的，那

么请试着使用第 2 章中描述情境、感觉和初级情绪反应的技巧，并观察一下，此时你的愤怒又产生了怎样的变化。

想一想：别人对你进行评判时你是什么感觉？你会怎么回应？对自己所爱的人进行评判不仅伤人，还会令你们的感情伤痕累累。

并不是说你永远不能评判或感到愤怒，这里的重点是要意识到评判会在多大程度上阻碍你真正的回应，阻止你得到真心所愿，并妨碍你和伴侣间的感情。

幸运的是，对于评判给感情和个人所带来的痛苦，描述是一剂解药，也同样是准确表达自己的方法。如果你想更好地培养这个技能，请回顾第 2 章的内容。

使用间接沟通

间接沟通也是导致无法准确表达所想所感的常见沟通模式。有两种常用的间接沟通方式：一种是对错误的人告知我们的愿望和感受；另一种则是我们对自己真正在意的事顾左右而言他，认为对方应该知道我们真正想说、想要的是什么。

谁都知道直接沟通更准确、更清楚，但总有这样那样的事使我们无法直接沟通。比如，我们可能会担心，如果直接告诉对方争吵就会随之而来。这样看来，对那些争吵不断的伴侣来说，间接沟通似乎也并非全无好处。间接沟通确实能减少立刻发生冲突的可能性，但同时它也降低了你的爱人理解你、按你所想的方式回应你的可能性。因此，告诉小姑子你真的很想和你的配偶（她哥哥）多相处，哪怕这个意思传达到了，也不能算是有效的沟通，甚至还可能使事情进一步恶化。

另外，如果你有很多想法和感觉，而你只表达了其中一部分，那么真正重要的内容就很难传达给对方。比如上文中的例子，理查德希望和露丝相处机会多一些，增进亲密感。一个周六的下午，露丝让理查德照顾孩子们，因为她要和姐姐一起做点事。这时候理查德想："天哪，我本来还希望今天能和她在一起，最近我们都很少共处了。"但他说的却是："我还是希望你待在家里。"这种间接而含糊的话使得露丝有不止一种方式来理解他拒绝自己要求的行为，其中好几种理解方式都是消极的。其实，理查德完全可以直接与露丝沟通，甚至可以和露丝进行协商。比如他可以说："当然可以了，亲爱的，不过我真的很希望能和你待一会儿。如果你下午要和姐姐一起出门，那么什么时候你可以和我待一会儿呢？"这样，露丝就能理解理查德真正的目标和渴望，他的愿望也更可能得到满足。

贬低自己的需求

有时候我们会陷入对自己的评判中，并因此感到脆弱和丢脸，对自己的感觉和愿望感到羞愧。这又是另一种不必要的痛苦，因为这就是我们，渴望着自己的渴望，感受着自己的感受。世上没有错误的渴望和感受。虽然有时候这些渴望和感受会带来不便或麻烦（因为我们得不到自己想要的，或者我们的真实感受就是痛苦的），但至少它们是真实的。评判自己，告诉自己不该想自己所想，感自己所感（也就是我们的初级情绪），这些都不过是否定现实。这就像我们想出门却赶上外面开始下雨时怪老天不应该下雨，或者说下雨都是云的错。现实当然是可以描述的：我们希望天气晴好，对计划不能实现感到失望，甚至可以因为想到上次这么计划的时候也下了雨而感到心情低落。

当我们想从伴侣那里获得一些东西，如果对自己的这种愿望进行负面的评判，我们其实就贬低了自己的需求，也贬低了自己的价值。比如，你希望伴侣像你一样喜欢某件事（某个活动）或某个人（一位朋友），却觉得自己这么想真是愚蠢，甚至觉得自己不可理喻。又比如，你们刚一起度过了一个美妙的周末，周一上班时特别想念他/她，但你却想："真是愚蠢，我们才刚一起过了几十个小时呢！我居然这么想他/她，一定是我太黏人了。"这样一想，你就开始感到羞愧不已，也就不可能准确地表达出自己的爱和渴求。

你一定要认同自己的需求，相信它是合理的。没有人规定你们应该在一起多久才合适，两人的爱要多深才算足够，你从配偶那里得到多少关注才算健康。这一切都因人而异，也因时而异。我们必须怀着接受两人真正的喜好和需求的心态，诚恳地进行协商。不过这种诚恳也要允许失望出现的可能：毕竟人们都说，"你不可能总是随心所欲"。

高估自己的需求

还有另一种妨碍准确表达的现象：夸大或高估事物（你的需求或感受）的重要性。这种现象出现通常是因为你感到害怕，你担心自己准确表达了欲求和感受，对方却不太放在心上。这又是一个长期损失远高于短期收益的例子。换句话说，对方能否判断出一件事的重要程度是很重要的。但如果每件事都很重要（或者你把它们说得同等重要），那么对方就无法分辨出这些事孰轻孰重。你的伴侣也没法做到把每件事都看成生死攸关的大事进行回应，长此以往，他 / 她对每件事的回应都会变得冷淡，导致你更加沮丧和失望。因此，弄清一件事的重要程度并准确地表达自己能够大大提高效率。当然你还是要做好偶尔失望的准备，因为你不会总能得到自己想要的回应。这样，当你说一件至关重要的事情时，你的伴侣才能有精力热情地回应，因为他 / 她能感受到这个情境不同寻常。在这种时候你才能得到自己想要的结果，从而感到心满意足。

和自己过不去

有时候我们会纯粹出于怨恨说些根本言不由衷的违心之词。比如，你感到筋疲力尽，想早点上床休息，但此时你正因评判和愤怒备受煎熬，对先前发生的某件事愤愤不平。你的伴侣体贴地说道："亲爱的，你看起来很累了，早点上床休息吧。"然而你回答说："不，我不累，我好得很。"又比如，你们刚吵了一架，你的伴侣想对你示好，所以主动要求帮助你做事。这本来是再好不过的一件事，你显然也很乐意对方帮这个忙，但你却回答说："不必了，我自己就可以做好。"

这些场景的问题并不在于它们本身会带来问题，而在于你们失去了重归于好的机会，这使你的伴侣不能与你更亲密，无法达

成你希望他 / 她做的事。此外，你还在无意中告诉你的伴侣，他 / 她无法真正读懂你：你明明看起来很累，实际上也很累，但你却说你不累；你看起来需要帮忙，实际上你也确实想要得到帮助，但你却说你不需要。这些信息都很令人迷惑，会令你心怀好意的伴侣下一次对他 / 她所看到的一切感到怀疑：可能你真的不像表面看起来那么疲劳和需要帮助。将来遇到类似的情境时，他 / 她很有可能就不会再费心思主动表示感情上的支持了。

使策略和目标相匹配

有时候我们明白自己想要什么、感觉如何，但我们的交流方式却使得伴侣无法有效回应。举个例子，加拉今天忙了一天的工作，觉得筋疲力尽。她心情低落地回到家，说："我真讨厌这份工作。"何塞并不是第一次听她这么说了，他很担心加拉，所以体贴地对她说，单靠他的收入，家里也可以撑过一阵，所以劝加拉"干脆把工作辞了，换一份压力小一些的工作"。然而加拉想要的只是何塞能理解她，明白她这一天过得很辛苦，希望何塞能听她详细地讲一讲，能认同她的感受，能给予支持和抚慰。何塞告诉她该怎么解决问题，却没能给加拉她真正想要的东西。但何塞又怎么能知道这些呢？毕竟加拉说的确实是"我真讨厌这份工作"。加拉本来已经很难过了，现在又觉得何塞误解了自己，所以她的负性情绪唤起飙升，立刻开始对何塞和她自己进行评判。这种评判又导致了激烈的负性次级情绪如洪水般涌来。于是她开始责备何塞："你根本不相信我的能力，总是贬低我。这是我最理想的一份工作了，怎么能仅仅因为今天过得不太顺心就放弃呢？你为什么不能支持我？我成功会威胁到你吗？"何塞自然也开始了反击，一个美好的夜晚就这么泡汤了。

如果加拉能意识到自己的情感目标，她和何塞之间的互动就可以融洽得多。她本来可以换种方式交流，让何塞能够回应她真正的诉求。如果我们有情感上的目标、行为上的目标和关系上的目标，一般来说我们应有策略地把这些目标传达给他人。

情感目标

如果我们希望伴侣能理解自己，希望得到对方的支持、认同或慰藉，那么情感目标就成为我们的首要目标。伴侣关系中的许多交流的目的，实际上都是希望在情感上有所收获，但是，这些目的常常未能清楚地表达出来，在紧张的感情中更是如此。如果一段感情冲突不断，伴侣双方在迫切需要慰藉或支持时往往就会感到脆弱无助。无法得到期望中的支持更加重了这种无助感，使人更难以明确地开口求助。糟糕的是，如果不能清楚明确地表达出你的目标，你就很可能无法得偿所愿。

实现情感目标主要有两种策略。第一，直接说明你沟通的目的。在上面的例子里，加拉可以说："我想谈谈我今天经历的事，我只希望你能好好听我说说，表示一下支持。"第二，以情感为中心描述情境。加拉也可以说："朱迪把我的功劳全给了爱丽丝，我真是感到心灰意冷。"虽然把当下想要的东西直接告诉伴侣可能会有点尴尬，使自己更觉脆弱，但这么做是合理的。我们去饭店时并不需要告诉服务员"我饿了"，而只需要说我们想要什么，否则我们恐怕并不能经常靠运气得到自己想要的东西。

行为目标

我们时常希望事情有所改变，也总希望能解决问题。此时，对方仅听到一句"我知道你很不高兴"是不够的。比如，加拉在工作上经受了数月甚至数年的挫折，而且已经竭尽所能地改善她的工作状况，她可能确实想辞职并找到另一份工作。这时候，如果何塞仅仅认同她的感受，并对她说："你每天都要承受这么多，觉得灰心是合理的。"这样远远不够。加拉虽想换一份工作，但又担心家庭经济状况和自己的职业发展。她可能需要何塞帮助她解决一些具体问题。比如，她需要多高的工资才能使家庭经济状况不受太大的影响？他们的家庭预算能做哪些调整，好让她辞职造成的负担不那么重？

假如我们需要别人帮助自己解决问题，最明确、最有效的方法是开口求助。加拉可以说："如你所知，我这一年多来已经尽我所能地让工作情况有所好转了。现在，我不想再忍下去，也不想再试着扭转局面了。我想换一份工作，但是我也担心经济问题，不知道这件事会给我们的生活带来怎样的影响。我们能谈谈吗？我很希望你能帮我想想我该做什么，该怎么做。"这些话可明确地告诉何塞加拉现在的感受（他也可以相应地进行回应），以及她现在最需要何塞做的事：帮她解决问题。本书的第 10 章将讲述如何解决更大的问题，如何有建设性地协商解决方案，等等。

关系目标

关系目标，或者说改善关系的愿望，比前两种目标更复杂。我们经常觉得和伴侣之间产生了一种恼人的疏离感，总希望从他 / 她那里得到更多的爱，但又不知该如何去表达。大多数情况下，我们真正想要的是与对方的关系更加亲密。我们希望对方理解某些事，不要再做某些事，或者多做一些别的事。但是最重要的可能并不是这些事本身，而是增强一种理解、支持的感觉或亲密感，这些可能才是我们真正的目标。从长远来看，情感目标和行为目标都能提高亲密感，但要实现关系目标则往往需要一种比较特别的方法。这种方法需要综合前文讨论过的几种策略。

我们有必要注意缺乏亲密感是否确实是问题的一部分。如果答案是肯定的，那么策略的一部分就应该是向对方传达自己的目标，例如希望关系更亲密、相处更融洽、沟通更频繁、感情更热烈等等。除非你愿意把改变自己作为重点，否则再怎么说自己想让你们像你希望的那样亲密或相处融洽，恐怕也无济于事。如果你认为事情不能如愿确实是伴侣的问题，想要说明这一点，哪怕此时评判与指责并非你的本意，对方也可能会觉得受到了指责。

相反，你应按三个步骤实施你的策略。首先，描述你的感受："亲爱的，我真的很怀念那些清静又亲密的共处时光，我们好久没有这样待在一起了，我觉得很难过。我不是在抱怨，也绝对不是在批评你。我只是想你了。"其次，说明你的目标："我由衷地希望我们能更亲密些，能回到曾经相互支持、相依相伴的日子。"最后，清楚地表明你想要同对方一起寻求解决方案："我希望能做一些改变，我们两人都试着更亲近对方。我们现在练习几分钟，再在这周晚点的时候继续练习，好吗？"接下来，你们就

可以开始一起解决问题，或是至少可以谈一次，从而得到增进理
解和认同的机会。显然，关系性的策略对关系性的目标是至关重
要的。

有效表达的技术细节

最有效的方式是向伴侣清晰地表达爱意

本章已经讲述了如何准确识别你的需求、感受，如何设立情境，把需求和感受清晰、有效地传达给别人。现在，你还需要把这些步骤连接起来，再牢记一些细节。

让你的言语和语调配合你的身体语言和面部表情

我们能通过语调、面部表情和身体动作传递出许多信息。你越是放松，就越容易放下评判和责难，也越容易察觉出自己真实的初级情绪；你越大程度地丢开愤怒，就越容易说出自己的本意。你的话语、语调、面部表情和身体语言能否传达一致的信息，决定了沟通是否准确和清晰无误。而这又进一步决定了你的伴侣能否明白你的意思并理解你，对你真实的感情和想法做出反馈。

注意时机

众所周知，重要的事情需要专注地对待。如果你已经倾尽全力来识别自己的所感所想，了解自己的目标所在，保持正念，采取不指责和更具爱意、更平衡的状态和方式，那么你应该就能如愿得到伴侣的关注。表露和表达自己的时机很重要，如果在表达时，伴侣未能或无法集中注意力，或者你本人难以保持专注，你所做的努力就可能付之东流。那么你应该注意些什么问题呢？你要小心任何可能削弱你正念能力的事以及任何使你的伴侣无法对你保持正念的因素。

尽可能避免受到干扰

重要的谈话在以下情况中并不能奏效：有孩子或其他人在场，你需要关注别人，电视还开着，你们俩需要分心于另一件事（如读报纸、使用电脑、驾车、工作、做饭、付账或做家务）。同样地，如果其中一个人需要出门，或是有人可能会打断你们的对话，那么你们会感到巨大的压力。这样一来，升高的情绪唤起会阻止事情向理想的方向发展。

保持身体健康

饥饿、疲惫和病痛会对我们的情绪（特别是反应性）和注意力的保持造成巨大的影响。因此，我们应该练习如何让自己习惯把重要的谈话（一切有关你们的感受和关系的谈话都在此列）放在一段安静的时间里：两个人都不感到饥饿或疲劳，没有人急着出门或做别的事；把电视关上，收起报纸和书籍；找一个舒适的地点坐下来，深呼吸；微笑地面对彼此，然后开始谈话。

用建设性的方式开始对话

我们一定要记住这种沟通方式并不容易。当你提出想谈一谈，特别是所谈的话题有关你们的感情时，你的伴侣有可能会产生各种情绪，尤以恐惧和焦虑为甚。可能你们以往谈到这些话题时谈话进行得并不顺利，因此，现在想要谈一谈，不仅需要你本身具有足够的沟通技巧（也就是本章所介绍的各种策略），你的伴侣也需要大量的勇气和沟通技巧。如果你能给谈话先定个调子，让谈话按你所希望的方向发展，你的伴侣就要轻松许多，谈话也会有更大概率顺利进行，让你得到你心中所愿（理解、亲密感、少一点冲突与摩擦、多一点和谐安宁、互动方式得到改变等）。

做到这一点的手段之一是清楚地表达出对伴侣的爱。这个方法着实有效，却不如听起来那么简单。切记，如果你心情不佳、痛苦不堪或是想要你的伴侣有所改变，对方也会因此感到不快。他/她可能只是想要关心你，但这种情绪一不小心就会变得消极起来，开始产生诸如"她又生我的气了""他不像以前那么爱我了"或"又来了，又要开始吵架了，今晚又泡汤了"的担忧和设想，产生负性反应。如果你一开始就能表达出不论你要说什么，你都仍深爱对方，对他/她忠心不二的决心，以及虽然你要谈的事很重要，但也并不是什么生死攸关的问题的态度，那他/她就可以轻松许多。当伴侣的负性情绪唤起降低后（或停止升高），他/她就更容易把注意力集中在你身上，放下防御心理，增强对你的反馈。

例如，希瑟和约翰冲突不断，两人在感情中都痛苦不堪。所以他们努力学习并应用本书介绍的各种技巧。但改变没那么容易，需要时间，过去的冲突带来的伤痛绵延至今。希瑟打算和约翰谈谈自己心中的孤单，她有多想念他，多想和他共度更多时光。为此，她做了周全的准备。她识别出自己真实的感受（伤心、孤单和恐惧）和真正的需求（不受打扰地同他待在一起，更经常谈谈"实在"的事情，不要只是忙着收拾屋子和教育孩子，能更加亲密）。她放下了对约翰的责备（这是她早先的方法），也知道她想要在自己和约翰的情感与需求之间寻求重要性上的平衡点。她定好了适合谈话的时间，认真预演了自己的策略。但真到了邀请约翰谈话的时候，她却满心恐惧。"哎呀，这可不怎么顺利啊……我只会让事情变得更糟。"她没有花上几秒钟正视这种情境下产生的合理的忧虑，而是露出一个有点扭曲的表情，脱口说道："约翰，能谈谈吗？"约翰并不了解希瑟所做的诸多准备，他听到的只是希瑟对自己的不满，认为她又像过去那样要和他进行一场谈话，对他所做的事挑三拣四。约翰因此立刻产生了防御心理，不想进行那样的一场谈话，所以他说："不，我现在不想谈。"接着他回到楼上，关上了卧室的门。希瑟本来就在负性情绪唤起升高的过程中，现在更是被这种回应激怒了。她跟着约翰上了楼，对他大喊大叫，责怪他"冷漠无情""不愿努力拯救我们的婚姻"。事情接下来的走向不难想象。

　　然而，几个星期后，经过练习，希瑟再次进行了尝试。她预先考虑了邀请约翰谈话时的紧张心理，为此练习了触摸自己的结婚戒指来提醒自己对约翰的爱。她先用几分钟的时间留意自己的感受（思念约翰）和愿望（更加亲密），成功放下了指责、批评和愤怒。这样一来，当她在开口前再次感到那股忧虑时，她仍能够面露微笑，成功地把负性情绪维持在低水平。她用温柔的语气，微笑着对约翰说："亲爱的，我真的很喜欢和你共处。我们能不能花几分钟时间谈谈怎样才能花更多的时间相处？"约翰看到了她的微笑，感受到了她的语调。他感受到了希瑟对自己的爱，不再焦虑地预想将受到攻击。因此这一次他能够用心聆听，并用上他自己的技巧，自然而又巧妙地回应希瑟。

练 习

1. 放松你的面部表情和身体姿势，让它们反映你真正的感受和渴望。使用一面大镜子来观察你用非言语方式表达的内容在你情绪唤起较低或适中时和在你极为不快时有什么区别。不要评判自己，只需留意和观察。

2. 愤怒的时候，注意自己是否开始在心里进行评判或说出了一些评判的话。如果是这样，试着抛开这些评判，留意自己是否还有别的情绪。留意当时的情境，描述自己的反应（当然，感到难过或不喜欢某些事物是合理的，这里要做的是放下评判给感情带来的伤害）。

3. 如果这时愤怒确实是合理的，试着把这种情绪描述出来，但不要用"愤怒"这个词。例如，你可以说"我真的不喜欢这样"或"这么做让我觉得很受困扰"。

4. 留意自己是如何表达需求和渴望的。你的伴侣能从你的描述中判断出这个需求的重要性是高还是低吗？练习把表达的强烈程度和目标的重要性相匹配。

5. 在几天时间里，试着在对伴侣开口之前留意自己真正想

从他 / 她那里得到什么。辨别你的情感目标、行为目标
和关系目标。

6. 选择自我表达的策略，让你的伴侣明白你想从他 / 她身
上得到什么。留意这种策略是否有效（你把自己的想法
更清晰地表达出来，能否使你的伴侣更好地回应你的
要求）。

第 7 章

共情与认同：理解与接受伴侣的体验

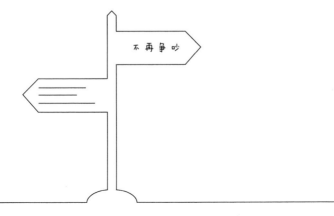

不再争吵

"合理化认同"是一个被伴侣治疗师和研究者以诸多方式广泛使用的词语。这种广泛使用可能是因为对他人的行为、言语、思想、感觉和愿望进行合理化认同的方法多种多样。在这里，合理化认同是有效沟通的两个核心要素之一（另一个是第6章讲述的准确表达）。合理化认同（认同）反馈与非合理化认同（否定）反馈的效果迥然不同。显然，在亲密关系中，我们能从来自伴侣的认同中吸取力量，也会因遭受否定而感到无法忍受。痛苦的感情往往充满否定而缺乏认同，幸福的感情则富含认同而少有否定。此外，来自伴侣一方的高否定水平或低认同水平与另一方的痛苦和抑郁密不可分。若受到全面的否定，一个人重度心理疾病的恶化程度便会提高。本章将详尽地探究合理化认同：什么是认同，我们要认同什么。

　　第8章将介绍合理化认同的几种方法，以及它们分别适用于哪种情况。第9章将告诉你如何抑制否定的冲动，对事情进行认同。

再回到伴侣两步舞

理解和接受伴侣的体验，认可其合理性

第6章讨论了伴侣两步舞中的第一步，也就是你和伴侣应如何准确、清晰地表达自己；第二步则有关如何用认同的方式回应这种表达。当然你们也有其他选择，比如无视或否定彼此，但这些都并非良策。认同伴侣的行为、话语、感受和需求才是有效沟通的关键所在，对建立健康的感情至关重要。

什么是合理化认同

尽管"认同"一词用途广泛，但在本书中，我们只采用一个含义，即伴侣间的认同指的是向对方表达理解与接受。也就是说，当我们用认同的方式回应对方时，我们表达出对他人体验（情感、需求、痛苦和思想）或行为的理解和接受（至少是此时此景下的接受）。因此，认同和同理心（理解对方的经历）有相通之处；但相比同理心，认同要求明确地表达出理解。此外，认同能够表明在情感上或认知上（或两个层面兼备）对伴侣体验的理解。有的时候，认同只需要集中注意力，保持目光接触或点头，或是回答"嗯""对"或"好的"；但有的时候则需要对对方的经历表示更全面的认可，如"我知道你真的很失望"或"你看起来真的很难过"。

更重要的是，我们在表达我们的理解与接受时，也在表示我们认为对方的体验或行为合情合理。当然我们也可以直接合理化对方的行为，用这样的方式表达认同："你当然会这么感觉 / 想 / 想要某物，任何人遇到这样的情景都会这样的。"有时哪怕我们并不能完全理解一个人的经历，也仍旧可以表达出我们认为对方的经历是正常的。在这种情况下，我们应该以温和的方式发问，说明我们理解了哪些部分，还有哪些不能理解，从而表明自己正努力充分地理解对方，认为他 / 她的经历是可以理解的，也是合情合理的。比如："天哪，你看起来累坏了，今天过得不太好吗？发生了什么事？"

因此，合理化认同传达的是对伴侣的体验（情感、需求、目标和看法）的理解和接受，认可这些经历的合理性。它包括接受对方的经历为"现实"，认可对方的描述。这样一来，交流的两步舞就完成了，它使得伴侣能在感情的舞池中翩翩起舞，不致产生过多伤害，也不会相互踩踏。

有些行为并非合理化认同

人们常把认同和同意混为一谈。我们当然可以用同意来实现认同，但同意并非不可或缺。举个例子来说，周六晚上亨利想和朋友们聚会，但温蒂只想和他享受二人世界。显然，两人意见不同，但认同对方的需求非常重要。亨利可以说："我知道你希望只有我们两个人怡然地度过一个夜晚，而且我们也确实挺少这么做的。"在认同了温蒂的体验之后，亨利可以表示同意："那我们今晚就出门'约会'吧，下周末我们再和泰德、爱丽丝聚聚。"当然他也可以继续表示不同意："但我们很久都没见到泰德和爱丽丝了，今天我确实很想见见他们。"虽然后一种反应仍可能会带来矛盾，让两人需要进一步的协商（或掷个硬币决定），但却是一种更有建设性的开始。亨利也可能没有认同温蒂想做的事情合乎情理，甚至直接否定她说："我们不是两周前才一起出门玩了吗？你应该感到知足才对。"这样的方式则缺乏建设性。

另外，你不能只是像鹦鹉学舌一样逐字逐句地重复对方的话。这么做也是一种不能理解对方体验的表现，而理解才是关键所在。

有趣的是，合理化一件实际上不合理的事也不算认同。比如当别人的一个想法是错误的（与事实不符），正确的认同方式是表达你理解他／她的想法，但同意或认可这个想法本身却不是一种认同。当然了，更有效的方法是用非评判的方式来告知事实："我知道你觉得孩子的节日派对是周五放学后，但其实是在今天。"

合理化认同为什么如此重要

用合理化认同的方式来回应情感、需求、观点和技能行为有重大的意义。认同是有效沟通的核心要素，它能安抚紧张情绪，减缓负性反应（包括愤怒和评判），促进协商，构建信任与亲密关系，也可以增强自尊。

认同能增进沟通

对伴侣的表达（准确表达）进行合理化认同反馈使沟通成为完整的过程：一方进行表达，另一方倾听、理解，也表达理解。

另一种情况是：一方进行表达，另一方倾听，但不能理解，因此表达出这种不理解，从而引发澄清的行为。如果没有认同，进行表达的一方就只是在白费口舌。

另外，由于认同能带来安抚的效果，得到认同也能降低负性情绪唤起水平，从而更加轻松准确地表达个人体验（见图5），因此认同是沟通的核心。认同能传达以下信息：你注意力集中，对伴侣的体验（需求、情感、想法）充满兴趣，理解他／她的体验（或至少正在努力理解），你理解（或认为）他／她的体验是合理的。认同也能说明你并非只想争吵，只想证明自己是对的、伴侣是错的，或用防御性的方式或攻击性的方式回应对方、伤害对方。认同还能帮助一方准确表达自己，这一点又能帮助你进一步理解另一方，从而在未来更容易表达认同。

当你表达对伴侣的感情、愿望等方面的理解和接受时，大部分时候这种理解是正确的，如果你的伴侣感觉到了理解，那么你就可以继续与之进行沟通。但有的时候你的理解并不完全正确，此时你不妨继续表达希望能理解对方的意愿，表示愿意接受对方体验的合理性。这样，对方可以再对那些理解有问题的地方进行解释，你们也就顺利完成了"两步舞"，甚至因认同而感到乐在其中。但如果你不顾产生的误解，继续滔滔不绝地讲下去，两位

"舞者"就可能发生碰撞，甚至掉下悬崖。

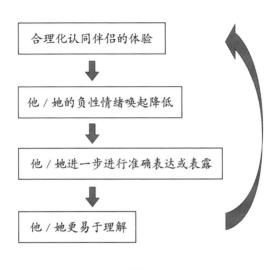

图 5

认同能安抚情绪

理解和接受的关键问题在于，当爱人表达出他 / 她理解并接受我们的想法、感受和需求时，我们会感到宽慰。反之，若不能得到爱人的理解和接受，我们就会沮丧和失望。如果这种不理解和不接受转化成否定，他 / 她表示我们"错了，不应该这么觉得或这么想"，那么否定带来的痛苦甚至会让人心如刀割。

作为一种人际行为，认同为什么会有这么大的力量，至今尚未得到合理的解释。也许是因为在早期人类刚发明语言的时候，认同预示着一种身体上的安全保障——"我知道你饿了，我会给你食物"或"我知道你很害怕，我们一起到安全的地方去吧"。今天，认同预示的则是情感上的"安全"，并能进一步带来显著的抚慰效果。想象一个简单的场景：你感觉冷，一个穿着皮袄的人告诉你，因为屋子里很暖和，你不应该觉得冷。这时候你会有什么感受？你会立刻觉得负性情绪爆发了。同样，在你觉得疲劳、悲伤、快乐、担忧，需要或不需要某些东西的时候，如果伴侣否定你的体验，你就会感到难过（防御、攻击和自我批评）；而如果伴侣理解你的体验，接受当下的你，你就会感到宽慰和舒心。

认同能减缓（或逆转）负性情绪反应

认同具有的安抚特性，对于那些特别棘手的话题或情绪唤起已然高涨的情况来说尤为重要。如果你的伴侣开始心情不佳，那么认同他 / 她的感受、需求、目标和观点可以减缓他 / 她的反应，避免反应性的全面升级，甚至将其转变为积极情绪唤起。在伴侣的反应性稳定下来后，他 / 她自然也更容易认同你的感受、需求、目标和观点。因此，来自伴侣一方的认同可以引发另一方的认同反馈，这就是图 6 所示的认同循环。

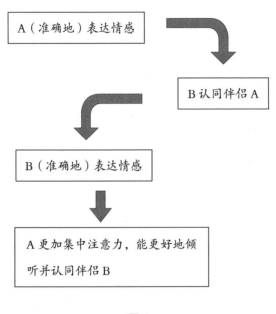

A（准确地）表达情感

B 认同伴侣 A

B（准确地）表达情感

A 更加集中注意力，能更好地倾
听并认同伴侣 B

图 6

认同能构建信任与亲密关系

如果一对伴侣常有争议，总在否定对方，那么他们之间就很
容易产生一种"瞬时警报"。也就是说，他们对来自对方的否定
（哪怕只是一种可能性）产生了一种一触即发的敏感性。显然这

会让人怀疑自己的表达不会得到珍视和理解，自己的体验不能被接受。还好，双方有了认同，它让猜疑烟消云散，让信任随之建立。伴侣若能感到被理解、被珍视和被接受，就自然能感到与对方的关系更加亲密。对你的伴侣来说，你能了解他/她的体验，接受他/她，他/她的心灵就能得到宽慰。横亘在亲密关系前的障碍不复存在，取而代之的是理解、安慰和两情相悦，而这些正是亲密关系的精髓所在。

认同使你成为安全、尊重对方的伴侣

通过认同，你对伴侣表达的内容进行了回应。这也是下一轮沟通的起点。通过认同，你也在鼓励伴侣表达更多的内容，这就好比你对伴侣说："如果你需要表达自我，说出让你感到脆弱的事，我会认真倾听。我愿意努力理解这些事对你的意义，也愿意让你知道我理解你、接受你。你把这些事告诉我是安全的，你的心在面对我时是安全的。"当你表达出认同，你的伴侣会同时意识到自己是脆弱的，但至少在你面前又不是脆弱的，因为他/她知道你总会用安全、尊重的方式来回应，帮助他/她用准确、有效的方式与你对话。

认同伴侣能增强你的自尊

到目前为止，本章主要探讨了认同给被认同者直接带来的好处（感到安慰，提升他/她准确表达自我的可能性），以及为认同的发起方带来的间接好处（认同的相互性使得认同的发起方未来有更大可能得到认同）。但是，认同你的伴侣还有另一个重要的好处：提升自尊。

如果你卷入了与伴侣的争吵，或是听到伴侣说了一些你不理解或不喜欢的话，你的负性情绪唤起就会上升。正如前面提到的，你会因此开始对伴侣产生评判，说出一些否定对方的话。等到你的情绪唤起降回正常水平，你才会意识到自己刚才说的话、做的事有多伤人，然后感到后悔不已。你会因此责怪自己，感到失望内疚，羞于面对自己的行为。但如果你能控制住自己，不对爱人大发雷霆或加以否定，而是让自己慢下来，放下评判，花上几分钟时间来降低自己的情绪唤起，尝试理性面对伴侣和真实目标，那么你就实现了对伴侣的认同。

你对伴侣进行认同可能会导致他/她的反应完全不同，也可能使你从交流中得到更积极的结果。哪怕谈话的结果并没有得到改善，只要想想未来你能因此提升不少自尊，你也会非常开心。

否定伴侣，你就败给了自己失控的情绪；认同伴侣则能展现你的沟通技能，体现出作为一个细心周到的伴侣所必需的对感情的投入与解决难题的毅力，从而更能大幅提升你的自尊。

认同的目的和方式

只要承认他 / 她的体验是真实的，就是一种认同

希望你已经明白用合理化认同的方式回应伴侣有多重要。但到底什么才是合理的呢？如果我们并不需要同意伴侣说的任何话，那么我们要认同的又是什么呢？到底该如何认同呢？这一节中，我们将探讨合理化体验和行为的不同方式。在表达认同之前，我们要先找到合理化的目标，把合理的原因表达出来。

合理化的方式

合理化一个人的体验或行为可以有不同的方法，我们将在下面叙述常见的几种方法。

存在即真实

只要承认一个人的体验是真实的，这就是一种认同。这种做法可能听起来不值一提，却是一种强大的认同方式。特别当你并不同意伴侣所说的话时，这种做法更不可忽视。

例如，大卫和安妮塔每天吵个不停。大卫一说他感觉心情低落，安妮塔就回应说他无理取闹，因为她自己没做什么让他产生这些负性情绪的事。大卫怒斥安妮塔这么批评他的情绪实在大错特错，于是两人陷入了相互指责的怪圈。但事实上大卫正像他自称的那样心情低落，最起码也是心情不佳。不管他是否误解了安妮塔，或者反应过激，都不能改变这个事实。无论大卫是否有心，安妮塔都感觉受到了攻击或责备。无论大卫生气与否，安妮塔总是相信自己行为得当。如果大卫能够描述得更完整、准确一些，他就能更有效地与安妮塔沟通。比如他可以说："我们总是意见不合，争吵不休，对此我觉得很难过。我知道这是我们双方的问题，而不仅仅是你的责任。我不是在怪你，只是希望能一起解决这个问题。"同样地，安妮塔如果能用描述性的反馈方式，就能浇灭自己熊熊燃烧的防御之火，也就不会激起大卫对她的指责。她可以说："好吧，我们一直吵架，你很难过，我明白这一点。其实我也很难过，我也希望我们能一起解决这个问题。是的，我相信一定有双方都可以做到的事，肯定能解决这个问题。"注意，两个人都只需要如实描述自己从对方那里听到的话和自己的感受。

如实描述事实（关系正念）可谓认同反馈的奠基石。爆胎是一件麻烦事，无论爆胎的原因是意外（在街上碾过了一枚垃圾车里掉出来的钉子），疏忽（有人在车道上搭建了东西，事后忘了打扫），还是故意（有人把钉子放在你的车胎下，你从停车位开出来的时候就爆胎了），这点都毋庸置疑。当然了，针对不同的爆胎原因（也就是钉子是怎么出现的），你会产生不同的情绪，也会采取不同的预防措施。但无论如何，麻烦总归是麻烦，不能笑对这种体验是再合理不过的事情。

人们（特别是心理咨询师）经常说"感受总是合理的"。这句话的真正意思是，人们的感受总有其源头。可能这种感受是源于错误的理由，但人们总归还是感其所感，愿其所愿，想其所想。道理就是这样。

在特定的场合中有其合理性

有时我们能明白为什么一个人会产生某种感受。这种感受反应可能并不常见，甚至在其他场合中可以说是不合理的。例如，有些人会因上一段感情中的经历对现任伴侣反应过激或反应迟钝。在这些情况下，你的伴侣会因过去的经历产生某些感受，这是合理的。就算单纯地从眼下的情况来看这种情绪可能算不上合情合理，也改变不了这个事实。

丽兹和她脾气暴躁的伴侣艾伦相处多年。在这段关系里，她学会了敏锐地觉察艾伦的情绪，并能迅速判断出自己是否面临言语或身体上遭受攻击的危险，最后她终于摆脱了这段不堪的感情。一年后，她遇到了席恩。席恩是一个温柔体贴的人，待人一向彬彬有礼。但席恩也有生气的时候，每当此时，哪怕席恩生气的原因和丽兹毫无关联，她也会下意识地心生恐惧，跟着生气。席恩感到莫名其妙，问丽兹为什么生自己的气，但这不过增加了丽兹的恐惧。所以席恩接受了她的这种反应（虽然他并不是很理解），不再追问不休。等丽兹愿意开口谈这件事的时候，他再努力向丽兹表示自己有多么爱她。过了一段时间，丽兹终于明白自己这种过度警觉的状态来自她与艾伦那段使她受尽凌辱的感情。席恩一开始对丽兹解释说自己并未生她的气时，他的行为反而触发了她恐惧的心情。这种恐惧来自她的上一段感情，艾伦总说是丽兹神经有问题，因为艾伦认为自己根本就没有刻薄地虐待她。席恩理解丽兹，知道她的恐惧针对的不是他，所以对她表示认同："我明白，现在要是谈话会让你有点焦虑。要不等到你想谈的时候我们再开始谈，我什么时候都可以。"

这是正常的：
任何人都会这么想 / 感觉 / 希望 / 做

有时，我们的想法、感受、需求和行为再合理不过：任何人都会这么做。例如，如果你的伴侣迟到了，你也不知道他 / 她在哪儿，你就会感到担心：任何人在这种情况下都会担心。如果你很爱自己的伴侣，好几天没见到他了（可能因为他出差了），你就会想念他：任何人在这种情况下都会想念伴侣。如果你工作很不顺心，就想换份工作，谁又不会这么想呢？如果你申请了一份心仪的工作，却不幸落选了，你就会感到失望：任何人在这种情况下都会感到失望。

人们总会担心自己的感受、愿望和行为异于常人，但实际上这种担心在大多数情况下都是多余的。你若能够在伴侣做出上述反应时认同他 / 她的感受，这种行为的力量将不容小觑。

认同的对象

理解伴侣的感受、愿望、观点和行为

前面讨论的主要是对情绪的认同。理解彼此的情绪和安抚负性情绪是任何一段亲密关系中不可或缺的部分，但还有其他许多合理的体验和行为需要我们的认同。这一节将讨论包括情绪在内的各种重要体验和行为。对这些体验和行为进行觉知（正念）、接受（不评判或排斥伴侣的体验，不认为它们不合理）和认同（表明你认为对方的体验合乎情理）是一段亲密关系的关键所在。

情绪

无论伴侣的情绪是细微还是强烈，快乐抑或痛苦，一旦理解了这些情绪，你就可以有的放矢地用不同的方式表达认同。认同能够平息痛苦的情绪，还能为愉悦的情绪锦上添花。但不管是哪种情况，你都做到了出手相助，也在一定程度上感受到了这种情绪。你因此可以更加理解和接受伴侣的体验，从而增加两人的亲密度，巩固彼此间的感情；未来你的伴侣也能更理解你、接受你。毕竟，没有情绪我们就不复完整，但认同对方的情绪使你们更能体验对方的生活。

需求或愿望

每个人的一生中都有自己喜欢做或想做的事，有些事很重要，有些却称不上必要。但无论如何，了解伴侣生活中的需求（或大或小）都可以帮助你增进对伴侣的了解。如果钱不是问题，她会做些什么呢？如果他有更多空闲时间，他会做什么呢？你的伴侣有哪些真实的目标：他／她想从生活中得到些什么呢？下周末他／她想要做什么？如果你能认同伴侣的需求或愿望，他／她很可能愿意对你倾诉更多。但如果你不认同或是否定他／她，你就会发现自己会逐渐被伴侣关在心门之外。

了解伴侣的愿望也能帮助你用认同的方式作出反馈：你可以协助伴侣得到他／她想要的东西（这也是一种认同方式），也可以在他／她事与愿违的时候安慰他／她。你认同伴侣的需求，还能帮助他／她决定是应该持之以恒地为了理想而努力，还是应该适时放手，放弃执念。

想法与信念

每个人都有自己的想法，有的想法已经成为坚定的信念。就像情绪和愿望一样，我们的信念在一定程度上构成了我们本身。如果有人能理解我们，接受我们的想法和信念，我们就能怡然自得。我们之所以加入各种各样的俱乐部和社团，和同伴们谈笑风生，从某种角度来说也正因如此。但人们在观点与信念上常有分歧，分歧越大，人们产生的防御性也就越高。所以哪怕和伴侣意见相左，我们也一定要努力认同对方的想法和观点。这里的认同传达的是你认为对方有权表达自己的观点，表达个人观点是合情合理的行为。就算你确实无法认同，也要带着尊重表达不同看法，避免让伴侣产生防御性的情绪。

行为

认同伴侣的行为至关重要。行为认同包括留意他 / 她在职场中、家务中、育儿上的辛苦付出，不带任何附加条件地为伴侣做些贴心的事（参见第 5 章）。此外，留意、赞赏、承认伴侣重视的事也必不可少。你可以问一些诸如"我看到你在给波士顿红袜队加油，比赛谁赢了？"或"你在和你妈妈打电话吗？她怎么样？"的问题，表达自己对伴侣的关心，对他／她的爱好表达赞赏与接受（你对他／她做的事很满意，也不想横加阻挠）。此外，对伴侣的行为说声谢谢，也是对他／她的行为表示认可，表达你的赞赏。来自爱人的关注和欣赏，是所有人的快乐之源。

痛苦

世界上充满了形形色色的痛苦，我们每个人都有过受苦的时候。受苦时如果能有一位亲近的人相伴左右，他／她的陪伴就像一剂良药，抚慰着我们的心灵。认同苦难能传达出一个人的关心、理解和接受，也能向对方表明自己愿意分担一二。如果伴侣能在你身边，接受你的痛苦、理解你的体验、分担这些苦楚，那么就没有什么能比这更宽慰人心了。

练 习

1. 练习留意伴侣的需求、想法、感受（包括开心和痛苦不堪）和行为。试着去想他／她的体验或行为有其合理之处（事实也正是如此）。你能留意他／她的体验具体在哪些方面合理吗？不必开口说出来，练习留意就好。

2. 在过去（几个星期或几个月之前）的某个情境中，伴侣可能有过一些表达或行为，当时你无法理解，现在试着去理解它们。现在，你能明白这些表达或行为在哪些方面合理吗？

3. 在你和伴侣发生不愉快的时候，留意你自身的强烈情绪和评判怎样蒙蔽了你的双眼，使你无法看到伴侣的体验和行为是合理的。用本书前几章介绍过的技能来降低自己的负性情绪唤起，放下评判。现在要理解伴侣的感受、愿望、观点和行为是不是容易一些了呢？

第 8 章

认同反馈：如何认同你的伴侣

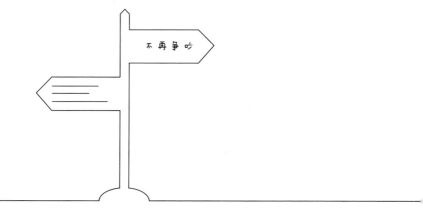

不再争吵

我们已经探讨了认同反馈的重要性，介绍了认同的内容（目标），现在该说说具体的做法了。本章将详尽地说明如何通过语言和行为来认同伴侣的感受、需求和行为等。

　　我们首先将介绍用语言来认同的几种方法，接下来，我们会介绍几种非语言的认同方式。想不出该说什么好的时候，你会庆幸还有这些方法。当然了，这并不是它们唯一的价值。

语言认同

用多种对话技巧表达对伴侣的认同

第7章讲到，每个人的体验或行为都能够以一些基本的方式合理化。本节将讨论如何用语言或对话的方式表达对伴侣的理解和接受。我们会分别介绍这些表达认同的技巧，但要注意有时认同反馈可以同时包含多个技巧。

表明你正集中注意力积极倾听

对伴侣保持正念意味着敞开心扉接受他 / 她的体验。正念可以让你降低防御性，更纯粹地留意这些体验。表达自己正在集中注意力积极倾听是一种重要的认同方式。由于这种认同方式发生在对话过程中，哪怕你实际上并不需要开口说什么，我们也仍会把它归入语言的认同策略中。通过这种认同方式，你表达了对伴侣的珍视，表示愿意理解他／她。这种认同方式一方面包括对你的伴侣保持正念，全神贯注，不评判、不防御，对他／她说的一切持开放的态度；另一方面也包括温柔地表达你的兴趣和关注点，表明你在敞开心扉积极倾听，接受他／她所说的话或正在做的事。

要想展示这种非评判的积极倾听，你要做的事很简单：放下手头上其他的事情（放下书报，关掉电视和音响）；放松身体和面部肌肉；凝视你的伴侣，表达出你愿意全身心地倾听对方的谈话；用细微的动作自然地表达你明白他／她正说什么（点点头，用"嗯""没错"这样的回应来告诉对方你能跟上谈话的节奏）。

以上这种认同方式可以单独使用。你展示了你的兴趣和开放的态度，你的伴侣感受到了你的倾听和理解，这样就很圆满了。有时你也需要兼用其他策略，不过，上述方式作为认同的第一层次永远都是不可或缺的。

认同伴侣的体验

有时我们只需认可伴侣的行为、语言、感受、思想和需求。正如第 7 章所说，有时候你们俩并不完全同意对方所说的话，此时这一点尤为关键。如果大卫感到孤单，认为这是因为他和安妮塔最近相处不太愉快，他可以直接说："安妮塔，我觉得很孤单。"这时候安妮塔可以回应："是啊，你看起来很难过。"她通过这个回答向大卫表达了自己的理解和接受。但如果大卫把最近他们相处中的问题都归咎于安妮塔，责怪她说："我真的觉得很孤单。我已经厌倦了你对我横加指责。"安妮塔则可能怒道："一个巴掌拍不响啊。"这种回答毫不认同大卫表达中的合理部分，反而使负性情绪唤起升高，加深了他们两个人的矛盾和隔阂。其实安妮塔只要像第一个例子里那样说："是啊，你看起来很难过。"大卫的话无疑有其合理之处，安妮塔通过认同这一点，就能表达出自己能够部分接受他的感受，进一步表达出自己愿意倾听和理解。这并不是说她同意这些事是她的错，因为追究谁对谁错这个问题是不会有结果的。她表达的是自己理解大卫的悲伤和孤单，愿意接受这些体验，愿意陪伴在他身边。很有可能大卫的反应性就能因此降低，他甚至可以放下评判，提高描述性，回应安妮塔说："嗯，你看起来也很悲伤。我猜最近我们之间关系很僵，你也不好受吧。"

对伴侣体验真实性认可的效果不容小觑。一方面，你理解、接受了伴侣，并表达出自己的理解和接受；另一方面，你们不会产生高冲突伴侣中最常见的问题，即你们不会否定或批评对方，也就不会使矛盾升级。恰恰相反，你们的行为使矛盾降级了。

有时你只需认可伴侣说的话，但有时伴侣可能会用非语言的行为方式进行表达，此时你也同样可以认可他/她表达的内容。如果她面露悲伤，你可以说："你看起来很难过。"如果他一家店一家店地给孩子或其他家人寻找一份特别的礼物，你可以说："你真的很想给她买这个，对吧？"

和其他形式的认同一样，这种方法在你心满意足、情绪平和的时候很容易实施；但如果你正怒火中烧，心中满是恐惧和悲伤，开始进行评判，要实施这种方法就没那么容易。因此，你必须勤加练习，在脑海里不断演练。这样当你需要的时候，那些词语才会自动浮现在脑海中。

询问伴侣以澄清你的理解

有时，我们认为自己理解了伴侣的体验，但不是很确定；有时我们也会发现自己对一件事的理解似乎和伴侣所说的有偏差。这时候，向对方询问以澄清你的理解（而不是试图证明伴侣是错的）将有助于表达认同。

先从最简单的情况开始。你只需留意自己未能理解伴侣表达的体验，然后温和地描述你理解的部分和不理解的部分，请对方给予澄清。切记，如果一对伴侣长期处于冲突模式中，询问很容易被当成质疑，因此要特别小心，避免问出的话语不合理。你真正要表达的是，你关心并接受对方但不能完全理解对方，迫切希望对方能予以澄清。

　　米兰达刚打完一个电话，看起来心情欠佳。亚历克斯询问发生了什么事。米兰达告诉他，自己因为父母下个月不能如约来访感到难过。亚历克斯疑惑不解，因为米兰达告诉过他，她希望父母能迟一点到访，因为那一周她早有安排。因此亚历克斯温和地（靠近米兰达，姿态放松，保持眼神交流）说道："米兰达，你看起来心情很不好，感到很失望。但我有点不明白，你上次跟我说希望你父母迟几天再过来。我不太理解，你现在为什么又感到失望了呢？"听到这种认可和澄清，米兰达回答说："你说得没错，我是希望他们能迟几天再过来。但我请他们改期的时候，他们很受伤。他们不明白，我只是那一周忙不过来，但我真的希望他们能来。现在他们说要等到感恩节才来。这不是我想要的结果呀！"听米兰达这么一说，亚历克斯就明白了。他表示完全认同米兰达的感受，向她表达了支持与鼓励，稍后还帮她一起想办法劝她父母改变主意。

有时候困惑之所以产生，是因为对方的感受不止一种，我们需要厘清表达中的各种情绪，否则就容易产生误解，似乎对方并没有表达出我们认为其拥有的某些感受。比如当艾瑞克到家的时候，他"砰"地关上门，在屋里重重地踱来踱去。汉娜对他说："艾瑞克，你看起来不太开心，发生什么事了吗？"艾瑞克告诉她，他本来对某个项目满怀热情，也为之付出了几周心血，现在项目却被取消了。他愤愤地说："我简直不能相信。既然他们现在要取消这个项目，何必让我付出这么多呢？真是太让人生气了。"汉娜看出艾瑞克确实怒不可遏。她知道，艾瑞克过去多次谈起这个项目，期待自己能在其中担当重任。这让她想到，艾瑞克大概也感到失望不已。她摩挲着艾瑞克的肩膀，贴着他坐下，用不同方式认同他的感受。她询问他是否感到失望："亲爱的，这消息太糟糕了！你当然会难过啊，谁又不会呢？你那么希望这个项目能成功，我想现在你一定也很失望吧，对吗？"虽然艾瑞克仍然对项目的事心怀怨气，但他还是从汉娜那儿得到了些许安慰。汉娜的抚慰，温和的语调，安慰的话语，认同与支持，都让他的心情稍有好转。当他的情绪唤起降低后，他也意识到自己先前陷入了沮丧中，没能留意到自己的失望，后来他对老板的评判又进一步掩盖了这种失望之情。意识到自己的失望并不是一件轻松的事，但这是他真实的感受。能够识别这种情绪，谈论自己的失望之情对他起到了一定的帮助作用。

留意汉娜是如何在艾瑞克本人了解到自己的失望情绪之前就识别出他的失望之情的。因为伴侣彼此了解，这种情况在伴侣中并不少见。而如果伴侣身上发生了一些事，我们的情绪反应通常不如伴侣本身的情绪反应那么激烈，所以产生的评判较少，情绪唤起也较低，因此我们能更明白地看到对方的情绪。注意，汉娜认为自己知道艾瑞克的感受（而且她也是对的），但她并没有直接告诉艾瑞克自己的结论，因为这有可能变成一种否定行为：首先，他的失望之情是"隐藏"在自己的高情绪唤起和评判之下的，有可能连他自己都还没有体会到这种情绪；其次，如果汉娜弄错了，艾瑞克会觉得自己受到了误解，对她产生疏离感，而此时对汉娜来说最重要的是支持艾瑞克，不是制造这种疏离感。

将伴侣的问题或"错误"放在更宽泛的背景中

如果你们其中一方搞砸了一件事，犯了个大错误，产生了有害或失调行为，另一方的负性情绪唤起就极有可能随之提高。在这种情况下，认同就会变得愈加困难。

此刻，你一定要记住认同伴侣的感受、需求等，哪怕这些体验在某种程度上导致了问题行为，或者其本身就是由问题行为引起的。例如，心情郁闷在很多时候都是合理的，但就算心情再郁闷，做出有害行为（对自己或对他人）都不是解决问题的合理方法。也许你们中的一个冲动行事，并且做了一件危险而不负责任的事，比如摔东西或没有请病假就擅自旷工。请你注意，这些问题行为或失调行为并不能成为认同的对象（当然，应该承认这件事已成事实），但导致这些行为的原因和这些行为导致的后果则一定是可以理解的。

换言之，哪怕你或伴侣的行为出现了很大的问题，你也要看到全局。最近的狼狈和糟糕的行为都不能代表我们本人，因为在我们的生活里还有其他更积极、更成功的行为。这些好的、坏的方面加在一起，才是我们作为一个人的全部。因此，我们要做的第一步是记住这个大背景：他 / 她是你的爱人，有着许多可爱的特质。第二步，你要理解，就算是失调行为也都必有其产生的原因，这里并不是要为这些失调或伤人的行为开脱，但非评判的方式能够使我们接受现实，继续前行。

所以就算出现了这些情况，我们也仍应认同伴侣体验中的合理部分。一般来说我们要认同的是感受与渴望。比如，你的伴侣在工作中备受煎熬，今天在冲动之下辞职了，这让家庭经济面临崩溃。你能理解，一个人只有在极度痛苦时才会用这样的方式辞去工作，但这并不意味着你应该同意甚至赞赏这种冲动的行为。当然了，这时候重要的是准确、不加评判地表达你对此事的反应。

因此，如果你的伴侣做了一件有问题的事，甚至产生了失调行为，请记得认同其中合理的部分，但不认同其中不合理的部分也同样重要。例如，你的伴侣度过了难熬的一天，感到筋疲力尽，他/她产生了各种不好的情绪，感到痛苦不堪。这些体验都合情合理，认同这些体验也能起作用。他/她可能会产生实施酗酒等不良行为的冲动，想以此来逃避或忘却这些负性情绪。虽然产生这样的冲动可能是合理的，但酗酒等不良行为绝非可以用来管理负性情绪的合理行为。

温蒂渴望与亨利多一些相处时间，她经常请求他多关注自己一点，但亨利却否定了她的这种渴望，他说："你不应该总想和我待在一起，你实在太黏人了。"负性情绪涌上了温蒂的心头，她感到羞耻，开始自我否定："亨利大概是对的，我真的太黏人了。我肯定是个糟糕的妻子吧，他应该得到更好的。"这种想法使她感到绝望，甚至让她想到了自杀。这时无论是亨利还是其他正在与温蒂交流的人最需要做的都是认同她的感受（也就是她确实感到恐惧、失望、沮丧、绝望和羞愧），认可这些感受都合乎情理。亨利几乎从不像她希望的那样陪伴在她身边，她自然会感到孤单。同样，如果有人（在这个例子中是她的伴侣亨利）对你满是指责、否定和怀疑，你感到羞愧是再合理不过的反应。此外，人们应该承认并认同她产生自杀的念头和冲动这一现实情况（"我知道你想过自杀"），但绝对不能认同自杀行为（或酗酒、攻击或暴力行为）是合理的解决方案。因此，在特定的情境或问题中，某些感受是合理的，但某些"解决方案"却并非如此。长远来看，它们甚至会威胁到当事人的生命、所处境地及感情关系。

要知道，合理化一个人的评判并不属于认同。无论这些评判是针对他 / 她本人还是他人，只要是贬低或蔑视某个人的行为都在此列。有的时候，一个人会对自己表达出指责甚至轻视（"我真是个废物"），如果伴侣此时怒火中烧，正在进行评判，那他 / 她就有可能同意前者的自我评判。然而这只是进一步否定前者罢了。要想更加准确地表示认同，你应该不加评判地描述自己对目前这个情形的看法（"我希望你没有这么做，这样反而让问题更难解决了"）。

有时伴侣中的一方对另一个人（比如老板或邻居）满怀评判，此时他 / 她的伴侣可能会加入其中，一起指责那个人。然而，从长远来看，更合理的方式应该是用准确的表达（情感、渴望）来认同对方（"你对她感到不高兴，这很合理"或"你当然不想明天继续跟她一起工作啦"），而不是同意伴侣对那个人的评判（"没错，她就是这么讨厌"）。要清楚，良好的判断力和一致的价值观能够帮助你了解应该认同什么，以及如何做出认同。

理解伴侣反应的历史原因

把伴侣的反应（无论是否有问题）置于他 / 她过去的体验中审视其合理性，这一点十分重要。在第 7 章中有一个例子，丽兹恐惧地回应她的伴侣席恩，虽然他过去和现在都没有威胁丽兹的行为。丽兹的这种反应来自过去那位有暴力倾向的伴侣，她的恐惧从过去的体验来看是合理的。

我们有许多反应是习得的。假如我们身边的人都言行一致、体面、诚实，我们就能学会相信别人。但如果我们身边的人经常言行不一，阴险狡猾，总想占我们的便宜，那么我们就会学着多一个心眼。问题是，我们几乎不可能准确说出一个人的某一种反馈方式具体是在什么时候、什么情况下习得的。只能说认同一般代表着相信人性的真善美，信任自己的伴侣。虽然他 / 她的反应方式看起来不合逻辑，但只要你对他 / 她的过去足够了解，这种反应就会在你的脑子里变得合理起来。如果他 / 她的行为令人困惑，你就想想其中是否有什么原因是你所不知道的。

在一段和睦的感情中，知道伴侣过去的生活情况、他/她的原生家庭情况以及过去的爱情关系如何，很多时候能帮上大忙。这里并不是要你刺探他人的隐私，而是让你对自己的伴侣更了解一些。当你对他/她的行为反应迷惑不解时，如果能了解一些他/她的过去，你就能给他/她多一点信任，相信他/她的行为是合理的。

理解一个人的行为和反应的历史原因，并不代表无视当下的情况，你仍旧应该以澄清的方式了解当下有哪些因素可能导致了伴侣的反应。

找到伴侣体验中的"当然"

在大部分情况下，我们的反应都是合理的，有些典型的反应几乎人人都有，这时候我们认同伴侣的感受、愿望和行为是正常的。当承受了损失或无法达成心愿的时候，我们当然会感到悲伤和失望；当和伴侣分开太久，我们当然会想念对方；当坏事不受控制地发生，我们当然会感到沮丧；当得偿所愿时，我们当然会感到欢欣满足。

找到伴侣体验中的"当然"的意思是：我们要知道伴侣的感

受或行为非常正常，几乎所有人都会这么想、这么做。困难之处在于抽身而出，从局外人的角度看待这些情境的正常性。当然，如果你并不牵涉其中，这么做要容易一些。比如，你的岳母重病缠身，那么你的伴侣当然会感到悲伤忧虑；你的伴侣获得了梦寐以求的晋升机会，他/她当然会感到欢欣雀跃。但如果你正与伴侣争吵，口不择言地说了一些难听的话，那又该如何呢？理论上来说，你不难理解对方受到了伤害。但在现实中，你由于正在气头上，会满心评判地怪罪伴侣："要不是他/她批评我，我也不至于那么说。"

想象一下，如果你能认同这种伤害，情况会有什么变化。要是你能承认，"你当然会觉得受伤，我说的话太尖酸刻薄了"，情况会如何？有意思的是，只要你这么做，情况就会停止恶化。当然了，你后续还要做一些弥补的事，倘若你不能停下这种破坏性的交流，那也就无所谓弥补了。在第9章中，我们将更详细地探讨哪些棘手的情境需要这种认同，但现在你只需练习在较为平和的情境中进行认同。

让自己和伴侣同样脆弱："我也是。"

想象一下，你刚和伴侣开始约会，在第一次约会结束的时候，她对你说："今天真的过得很愉快，我希望我们这周末能再一次约会。"如果你回答说："我很困惑，你为什么会觉得开心呢？"又或者"我知道啊，每个跟我约会的人都很开心。"那么可想而知，这段关系大概就走到了尽头。上一节中介绍的认同方法在这种情境里并不适用。这是因为在这个案例中，对方向你展示了她的感觉，使自己处于孤立无援的境地。你应该做的是显示自己和伴侣相似或相应的感觉。在这个例子中，如果你愿意认同（也希望继续约会），你可以说"我也很愉快"或"我也想再和你约会"，甚至简单的一句"我也是"就够了。

如果一切进展顺利，我们就很容易用"我也是"来认同对方。但有的时候事情并不怎么顺利，负性情绪弥漫在两人中间，伴侣仍会向对方显示出脆弱的情感。例如，贾丝敏和杰瑞一直以来不是吵架就是相互避而不见，两个人都如惊弓之鸟，一点点批评或否定的迹象就能让两个人大动干戈。杰瑞练习了正念技巧之后，意识到自己其实很想念贾丝敏，希望和她重新开始。一天晚饭后，他对贾丝敏说："我一直在想我们有多久没能亲近了，我觉得很难过。我真的很想你，我希望我能做得更好，也希望我们能更幸福。我希望能和你相亲相爱。"

在这样的情境中，伴侣一方敞开心胸，表达了自己的脆弱。

但此时你只承认这种脆弱（"我看得出来你很难过"）并不能算是认同，哪怕你说"所有人都会这么想"也于事无补。这时候要想做到认同，你也要表达自己的脆弱。一开始贾丝敏感到一种恐惧，全身都僵硬了起来，但在杰瑞对她说这些话的时候，她试着放松并把注意力集中在杰瑞身上。她专注当下，仔细观察，而不去关注涌进自己脑海中的各种想法和评判。通过积极、非评判的倾听，她感受到一股悲伤涌上心头。她拨开最近弥漫在他们感情中的猜疑和愤怒的迷雾，重新感受到了对杰瑞的爱。她回答说："我也想你。"杰瑞松了一口气，两人牵起手，重归于好，用正念觉知彼此的承诺和爱意，让指责与评判随风而逝。

从本质上来说，这种相互展示脆弱性的做法可以总结成三个字——"我也是"。意思是"我和你一样，愿意为爱付出，愿意倾己所有，也和你一样希望一切顺遂，如果出现问题也会像你一样感到失望"。所以说，一句"我也是"就是你在大部分这类情境中所需要的。如果我们能够真正心怀爱意地觉知伴侣的脆弱，我们就会产生许多情绪（主要是爱、亲近和同情）。此时好像很难说出太多的言语，但大部分情况下，这样就足够了，至少你们已经走上了建设性交流的正道。

行动认同

回应伴侣的表达，然后行动起来

认同并不一定要体现在语言上。在有些情境中，不必使用太多言语，只要行动起来。比如，你注意到伴侣正在沙发上小睡，看起来有点冷（比如你发现她蜷缩着），这时你并不需要把她摇醒，对她说："亲爱的，我看你很冷。"你也不必说："现在这里才17℃呢！任何人都会觉得冷的。"这些话显然既没用又可笑，这时候你还不如给她盖上一条毛毯，打开暖气，或直接挨着她躺下，用你的体温为她带去温暖。这些反应传递出你理解并接受她的体验，效果远胜于空口白话地说感到冷有多么合理。

和其他认同反应一样，行动认同在负性情绪较低的时候比较容易实施。但一对高冲突夫妇可能习惯了下意识地否定对方，这绝不是一个好习惯。比如，你的配偶或伴侣回到家，精疲力竭，告诉你今天他／她过得太不顺心了。如果今天正好轮到对方做饭，很明显你们应该考虑热一下剩饭，简单做两个菜，或干脆叫外卖。但如果一直以来你们都冲突不断，你就有可能让事态变得复杂，心想："真是太不公平了，他／她就可以逃避做饭的责任。如果现在情况倒过来，他／她才不会支持我呢。"这些评判使你无法心平气和地认同对方。

为了能用行动认同对方，你需要做以下三件事：不要偏离现实（留意他／她当下的真实需求以及哪些方法能起效）；保持正念（非评判），不要落入评判和自以为是的深渊；找到既不降低自尊又能够满足对方当前需求的方法。

如实描述现实

识别现实难易与否，取决于你当时是持客观态度，还是高度情绪化。现实是什么呢？你只需描述当时的情境。如果她说自己疲惫不堪，相信她；如果他说自己饥肠辘辘，相信他；如果她说想出去吃晚饭，相信她；如果他说自己恨透了自己的工作，相信他。但是要注意，你的反应不能单纯由这些现实决定。

识别伴侣的需求

如果你的伴侣感到疲惫，有什么办法能减轻她身上的担子？你怎样反馈才能让她轻松一点（不管她是否要求你回应）？有什么能帮上忙的地方？如果他感到饥饿，你可以为他端上饭菜，也可以告诉他哪里有吃的。如果她想去饭店，你觉得可以吗？你能负担晚饭的开销吗？你有时间和精力吗？如果答案是肯定的，那就出门吧。但如果答案是否定的，你也不必否定她的体验。你可以说："我知道你想去，但是我有点担心我们经济上无法承担。"接下来，你们就可以开始协商。

有效反馈，保持自尊

如果你能回应伴侣的表达（不管是语言上的要求还是单纯地表达感觉与渴望），这种回应也不会给你带来伤害，那么就行动起来：这是行动认同的底线。但如果你实在觉得某种反馈让你感到不适，你可以换一种行动来反馈，也可以仍旧用语言进行认同。

例如，莎拉忙了一天，现在感到疲惫不堪。她和马特有个约定，一个人做饭，另一个人就要洗碗。今天马特做了饭，所以该轮到莎拉洗碗了，但她满脸疲倦地说："我真的筋疲力尽了，今天我真的不想洗碗。"马特对莎拉很累这件事毫不怀疑，但他想知道她是不是想让他洗碗。放下他的评判（"她不应该把这事甩给我"）之后，马特意识到他自己（或者其他任何人）如果累了，也会想让别人帮忙做一件本应自己做的家务。所以马特想，还是自己来洗碗吧，莎拉一定会赞赏这种行为，而且马特本人也并不觉得自己有多累。此时主动提出帮忙洗碗是在认同莎拉疲惫的事实。

在大部分情境中，洗碗的行为都表达了认同，但并不是说这是一件不得不做的事。如果马特发现这种情况时有发生，他确实认为莎拉的行为不公（他经常帮她做家务，她却很少帮助他），那么此时他就应该只用语言进行认同："莎拉，你看起来真的很疲倦。今天怎么了，你怎么累成这样？"接着他可以倾听她讲述自己的一天，甚至可以让她边洗碗边说。虽然帮她洗碗也不失为一种帮忙的方法，但这种语言认同就已经能帮助莎拉了。

如果伴侣中的一方要求另一方做一些事，事情就会变得更为复杂。如果你按对方的要求去做，这显然是一种认同。只要这个要求可行，具有建设性（无须牺牲自尊），那么你就可以按对方的要求去做。但你要记住唯一的事实是他／她想让你做这件事。

如果你做不到对方要求你做的事，那么就不做；如果你不愿意做这件事，只要你的不情愿是出自非评判的原因（不是出于"应该"或"不应该"的想法），那么也可以不做。

但不管你是因为哪种原因决定不按对方的要求去做，你还是可以认同其中合理的部分。可想而知，你的伴侣希望得到你的认同，如果这个希望落空，他／她就必定会感到失望。虽然你不愿或不能做这件事，但你的伴侣想要你做这件事的愿望是完全合理的。

例如，金吉尔酷爱跳舞，但弗雷德却兴趣寥寥。弗雷德常想，自己又不擅长跳舞，金吉尔不该总叫自己去，最好连去跳舞的想法都不要有。其实，弗雷德表示认同金吉尔对跳舞的热情时（"亲爱的，我知道你很想去跳舞，但我笨手笨脚的，实在是享受不到舞蹈的乐趣"），金吉尔就能够接受他不去跳舞这件事。弗雷德可以接着认同金吉尔的失望之情，哪怕她并没有明确地表现出来（"我猜你一定很失望，因为我其实一直都不太想去"）。再接下来，他可以提供其他选择："或许我们可以一起做点其他有趣的事。"

请记住并告诉对方，你是出于哪些非评判的原因才不愿意按对方的要求去做，否则你的伴侣很容易认为你不情不愿、冷漠或吹毛求疵。你可以用上你的正念技能，准确描述自己的想法和感受，最好用平和、关切的语气来表达（不带防御性，也不指责对方），一定要认同伴侣的失望之情。

练 习

1. 如果你不确定自己是否正确理解了伴侣的话语、需求和感受，试着练习向对方询问，请求澄清。切记，要用不带威胁的方式来明确地表达你想要理解对方。留意你的紧张程度、姿态、面部表情和语调。留出时间，对你的伴侣保持正念，然后再开口。

2. 伴侣间可以讨论应如何向对方提问以获得澄清。你如果能用伴侣告诉你的方式进行询问，就能安抚对方，不致激发对方的防御性反应，也能最大程度上帮助他 / 她了解应如何澄清。

3. 思考你的一些问题行为或失调行为，可以是最近发生的，也可以是很久以前发生的。是什么导致了这些行为？当时你感觉它们合理吗？它们在哪些方面是合理的？事后你感觉如何？你的爱人应该在不表明这些行为没有问题的前提下对你说些什么，才有助于你平静下来？

4. 伴侣开始自我批评时，试着忽略那些评判，认同被批评掩盖的情感。在伴侣批评他人时也试着做同样的事。记住，只要保持描述性，你们俩都会感觉更好一些，价值观也能更加契合；只关注那个人做了什么，注意你的反应、你的好恶和需求。

5. 和伴侣进行讨论。分别从自己早期的家庭生活和过去的爱情关系中选择一件对你现在的反应方式产生深远影响的事。讨论的时候，记得对过去的体验进行认同："原来他/她以前是这么反应的，难怪你现在担心我也会这么做。"接下来，用准确的表达来澄清你自己的反应："但我希望你能明白，我们谈话的时候，我并不会那么想。"

6. 练习留意伴侣对你表达脆弱的场景。表达的方式可以是语言的，也可以是其他交流方式，如握住他/她的手，温柔地抚摸他/她，进行温暖的目光交流。对他/她的脆弱保持正念，放松身心，留意你是否也想要同样的东西（和睦的感情，少一点争吵，多一点亲密感）。

7. 回想在最近的哪些情境里，你认为自己本可以用行动反馈认同伴侣，但由于种种原因没能做到。评估这些情境。是什么妨碍了你的行动反馈？你是通过深思熟虑还是消极反应做出的决定？如果答案是后者，想想你需要哪些技能（正念，放下评判，觉知你的伴侣）来帮助你下一次更加冷静理智地做出决定。

第 9 章

自我认同：如何在否定中修复创伤

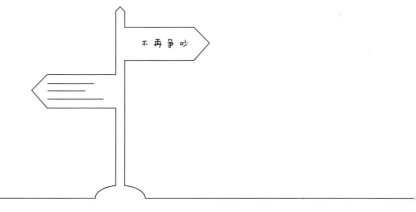

本章将重点介绍如何激励自己不畏艰难，认同伴侣以及如何在遭到伴侣的指责与否定之后恢复过来。你可能没想到的是，要让自己更有动力认同伴侣的体验、需求或行为，一种方法是认同自己的体验和愿望。本章也将探讨你在否定伴侣之后，如何修复造成的伤害。无论你是否定他人的一方，还是遭受否定的一方，从根本上说，需要的技能都有共通之处。

如何进行自我认同

用描述和共情来清理自己的感受和需求

在不同的情境中，自我认同都是非常有用的技能。不难想象，你可以用认同他人的方法来认同自己。在一定程度上这是对第2章中所介绍的自我正念和自我觉知的延伸。你只需关注自己的体验和行为，即自己的情绪、感受、需求、想法和行为。接着考虑如何接受以上这一切，并通过这种自我接受和自我认同取得平衡，使自己能够做出更加准确的表达和表露，从而更好地实现对伴侣的认同。

觉察、接受、描述自己的体验

从根本上讲，认同自己和认同他人并没有太大的区别。你同样要找到认同的目标（一些合理的事，如你的情绪、渴望、感受），用接受和合理化的方式来回应自己的体验。此外，远离评判对自我认同而言也至关重要。自我认同并不代表你一定是对的或是你做的事都没问题，它意味着描述事实，通过放下评判让你能接受自己。我们存在于这世间，此地，此时。你知道自己的感受、需求和想法，也有可能你对这些都不确定，此时用"困惑"来描述自己的心境再准确不过了，这些就叫作现实。

如果心生疑惑，那就描述你的情绪、感受和需求，记住什么才是现实：你感受着自己的感受，了解着自己的需求，思考着自己的想法。别人是否在这些方面与你一致并不重要，但你遵照这些感受、愿望和想法做事，既有可能效果显著，也有可能产生问题。其中关键在于，你要把现实与评判分开来，这样你才能充分锻炼自己的自控能力，从自己的行为中得到自豪感而非羞愧感。

比如，你可能比伴侣更希望能多花一点或少花一点时间与之相处。一对伴侣常常在相处时间或亲密程度这些方面需求不一。这种差异即使细微，也会带来大量的痛苦和分歧。和朋友讨论这些事只会让问题变本加厉，因为朋友们为了表示对你的支持，可能会给你对伴侣的评判火上浇油（"他是错的"或"她真是不可理喻"），从而使你进一步拉大自己和爱人之间的距离。

此处的现实是，你和伴侣都有自己的需求。这种差距可大可小，也无所谓对错。因此，自我认同意味着单纯留意你的感受和需求，并向自己（或他人）描述这些感受和需求，接受或认可它们为现实。你会发现，准确描述能让你真正地实现自我认同。这样一来，在你努力与配偶或伴侣进行有效交流的同时，你也实现了对自己的支持和认同。

对自己表达共情

如果你留意到的是自己正承受痛苦，那么自我认同的第一步就是描述自己的体验，容忍并接受自己。我们时常评判自己，责怪自己，批评自己。这些否定的声音在我们的脑海中盘旋，使我们产生大量负性情绪反应和不必要的痛苦。记住，一旦开始自我评判，羞愧和罪恶感就油然而生。这可能是因为有些事的结果确实不尽如人意，也有可能你一开始做这件事的动机就算不得光明正大。但现在，你要做的是客观地把这些事描述给自己听。如果你想要努力修补给对方造成的伤害或希望未来能提高自我控制能力，这么做就更显必要。

矛盾的是，我们越是因自己的行为评判自己，就越容易与自己的目标和价值观背道而驰。这是因为自我否定能使负性情绪增强（一般是羞愧的情绪），使我们无法理性思考解决问题的方法，却对伴侣的负性（有时只是模棱两可的）信息反应增强。所以如果你责怪自己（"我真是糟糕的配偶。我根本不应该对她说这种话的！"），并因此感到难过（羞愧），那么一旦伴侣对你说一些指责的话，比如"你真是小肚鸡肠，不讲道理"（你心中已然满是负性情绪，无法承受更多羞愧之情），你就会马上开始攻击这个使你更痛苦的外来"刺激"（也就是你一开始就伤害了的这个人）。这种评判自然会使你更羞愧，这又导致下一次发生争论时，你可能更控制不住自己的怒火，如此往复，直至陷入恶性循环的泥潭。

从这种循环中挣脱出来的关键在于自我理解和共情，对自己表达共情能够使你在和配偶的互动中提高共情能力。理解自己的感受和需求，知道自己为什么会有这些感受和需求以及自己可以有这些感受与需求，能够安抚你的情绪唤起。你的行为合情合理，但只有负性情绪唤起降低后，你的行为方式才能更有效，更符合你的目标和价值观，你的羞愧感（或其他负性情绪）也才能降低。

你也可以留意自己的体验和行为在哪些方面是合理的。在第7章和第8章中，我们介绍了从哪些角度可以发掘感受或需求的合理性。例如，你的行为有可能是人所共有的或从过往经历中习得的，也有可能我们暂时不理解为什么自己会有如此的感受或行为，但如果投入足够多的时间和精力，我们就能明白它们为何合理，在哪些方面合理。有的时候会有人与你感受不一，但你不必和别人有同样的感受；也有的时候所有人都和你感受一致，需求一致。利用描述和共情来理清自己的感受和需求，接受它们：这是你的合理感受，你的合理愿望。

为何会否定自己的爱人

现实与理想产生差距就会产生否定

现在我们已经明白，自我认同能够切实提高我们认同他人的能力，认同他人也能够提高我们自我认同的能力。你可以用这个结论来激励自己认同伴侣，哪怕此时做到认同伴侣并不容易，哪怕此时你强烈地想要攻击或否定伴侣。但首先要明白否定意味着什么，毕竟受到来自伴侣或自己的否定是认同对方最大的障碍。

什么是否定

否定反馈是指我们表示出对方的感受、想法、需求或行为不公、不对或不合理，或是不配得到我们的尊重和关注。我们用各种行为来传达这些想法：无视对方；极力贬低对方的感受；对对方评头论足；教训对方"应该"怎么想，"应该"需要什么；不尊重对方（用屈尊俯就的说话语气或行为方式，傲慢无礼，认为或表现出自己"高人一等"）；评判他人；把他/她当成一个无能的人。

否定人们合理体验的方法不胜枚举。否定能激发承受方的防御性、失望、愤怒、自卑、自我否定的感情和其他负面体验。我们否定爱人时，不仅伤害了感情，也使对方痛苦不堪。这种糟糕的结果我们自己也不能幸免，可想而知，未来对方否定我们的可能性也会因此增加。可以说，否定你爱的人也会间接地让你遭受巨大的痛苦。

我们为什么会否定自己爱的人

我们想从对方身上得到的是宽容、理解和接受。现实如果与理想相去甚远，就会格外伤人。这一点在与配偶或伴侣的相处中体现得淋漓尽致。在我们的期待中，伴侣应该是这世上待自己最好的人，一旦伴侣显示出他/她的不完美，我们就不免大失所望。我们的所愿和当下所得之间差距越大，这种差距就会激发越多的负性情绪，带来越多的伤害。描述这种失望之情的言语虽能带来帮助，却在我们的文化中被看作不可取的东西，而批评与愤怒则受到推崇。愤怒会带来评判，而评判正是否定。于是一种循环开始了：一个人对他人进行批评、评判、否定或感到愤怒，且全然无视失望这一初级情绪。注意，这个循环的第一步实际上是自我否定（未能识别自己真正的情绪）。这种不准确的表达常被视作攻击（一定程度上也确实是攻击），这又激发了伴侣相似的情绪和反应。所以说，否定能带来否定。

因此，我们真正需要做的只有两件事：把第一步中的自我否定、愤怒、评判等降到最低；用共情、接受和认同来回应否定，而不是再用否定使恶性循环继续下去。

打破否定的循环

当受到否定时，我们多多少少能意识到。我们的负性情绪唤起升高，感到一种不安且混杂着伤心、恐惧和厌恶的感觉，不知是该逃走、躲藏，还是反击。逃跑的冲动大概来自受到的伤害以及害怕受到更多伤害的恐惧感。反击的冲动则来自因为遭受巨大痛苦而导致的愤怒以及混杂着评判的强烈厌恶，这种冲动也可能来自恐惧，因为愤怒有时是恐惧的产物（我们学会了反击而不是逃往"安全地带"）。在亲密关系中，这种反应尤为严重，因为我们往往毫无防备。你的伴侣毕竟是和你相爱的人，即使在不幸的感情中，我们也总是对光明的未来心怀希冀。否定会将这种希冀消磨殆尽，因为被爱人所伤总是让人格外痛苦。

如果逃跑的冲动压倒了反击的冲动，你就会退缩，你的反应性也会得以降低。但问题是，你终究需要再次和伴侣交流，那个时候你会采用建设性的模式还是攻击模式？如果攻击的冲动占了上风，那么你就需要立刻改变策略以打破否定的怪圈，让你的感情重归平和。

因此，要知道自己是否陷入了否定的循环，你要看自己的情绪唤起是否已上升，你是否越来越难以抑制攻击的冲动。这里介绍几种策略。这些策略有的可以立竿见影，有的需假以时日才能奏效，但最终都可以使你摆脱这种循环：自我认同，自我安慰，保持正念（不加评判地觉知你的伴侣），培养共情，接受现实（在事情非你所愿时），以及产生希望。

自我认同

假设你正与伴侣争论。你迫切需要伴侣理解你，支持你，爱你，认同你，然而他／她此时却和你一样难过（伤心、恐惧、失望、愤怒），也没有表示出丝毫打算认同你的迹象，这时候如果你不认同自己，还有谁会认同你呢？

识别自己的初级情绪。在你的感觉中找到失望与恐惧，看看有没有伤心、沮丧、孤单和羞愧的踪影。记住，这些感受都是合理的，因为你正与伴侣或配偶发生冲突，他/她没能理解你、支持你，甚至还否定了你的情绪、愿望或行为。

留意自己的攻击冲动。这种冲动就像一波海浪，你要做的是驾驭它，而不是沉溺其中允许攻击的冲动存在：不要被它牵着鼻子走，但也不要假装它不存在。记住，冲动来自你的高情绪唤起，如果你试图把它压下去，就只会导致它更猛烈的反弹，所以你要让它自然发展。接下来，认同自己很难在遭到伴侣攻击时避免激烈、破坏性的负性反应，留意自己的沉着冷静，认同并赞赏自己为此付出的努力。

做完这些事，希望你能注意到自己的情绪有所回落，你的攻击冲动也已随之降低。这时候你就可以留意自己真正需要的是什么：你想要和这个人更和睦地相处，但现在你们却在争吵。告诉自己，这是你爱的人，他/她也真心爱着你。虽然此时此刻你可能无法从他/她身上看出这一点，但希望你心里能明白。记住，至少现在你也和他/她一样没能表现出自己的爱。

通过这种方式，你就会发现你做这些事时付出的努力和承受的痛苦可以造福你所珍视的事。

自我安慰

你也可以把自己当成一个有能力的人来进行自我安慰。如果你感到难过，就想象你在朋友难过的时候会做些什么。你可以用同样的方式处理受伤、恐惧等情绪。安慰自己有帮助吗？试一试吧。你可以尝试放松躯体，拉伸紧张的肌肉，用更舒服的姿势坐下来（站着并不利于放松）；然后脱下鞋子，穿上一件柔软的毛衣，盖上毯子，如果觉得热，那就脱掉一件衣服；轻揉眼睛、太阳穴或双脚；来一杯冷饮（不含酒精）或热饮。想象一下，等你摆脱这个否定的循环之后，幸福的时光就要来临。你还可以找一件舒心的事去做，直接降低你的情绪唤起。

保持正念

我们为什么要有亲密关系？我们的初衷一定不是为了能吵赢伴侣，甚至伤害对方，但有时我们却摆出这种架势。我们应该经常提醒自己，我们要的是什么：美好的感情，彼此相爱的伴侣。虽然感情里有这样那样的不足之处，但这就是你的爱人。当然，如果你已经读到了本书的这一部分，想必你发自内心地希望自己的感情能有所改善。

如果你记得你爱面前的这个人，也记得自己殷切希望感情能变得更加美好，那么问问自己：攻击伴侣能带来这一切吗？答案显然是否定的，因为只有爱和善意才能引发对方的爱和善意。如果你想要被贴心地对待，那么反击伴侣绝对不是一个好选择。你该考虑的是更有效的策略，比如认同伴侣，逆转否定的循环。

培养共情

你要留意自己的感觉有多糟糕，留意要阻止自己攻击伴侣有多困难，找到藏在心中的那个体贴的自己。现在，留意你的伴侣可能正和你有着一模一样的感受。很多时候，即使自己并没有意识到，但你们都已伤害了对方。可能你无心伤害对方，但最终却让伴侣痛苦不已（这就好比一个人被太阳晒伤了，而你还在拍他的背）。

你可以问问自己："他 / 她现在是什么感觉？我爱的这个人有多痛苦？"这种做法就是对你的伴侣保持正念，留意他 / 她的行为或感受。记住，和你一样，他 / 她的愤怒和攻击冲动也来自受伤、恐惧、失望和痛苦。记住，无论是否有意为之，你都使伴侣的痛苦雪上加霜了。现在，你可以通过打破循环减轻伴侣的这种痛苦。你可以对他／她更加关注，敞开心扉倾听对方的体验，认同、关心对方，而不去攻击、否定对方。记住，你有能力用各种技能减轻伴侣的痛苦。

接受现实

如果我们确实感到被激怒，心中充满评判情绪，抑制不住地想要攻击对方，那么实际上此时指导我们行为的并非现实而是我们想象的世界。换句话说，我们这些行为都来自对现实世界未满足我们心愿的不满。举个感情之外的例子。这种感觉就像你感到口渴时在汽水贩卖机里投了币，结果机器既没有给你汽水，又没有退还你的钱。可能你会继续投币，但它吞了这些钱，还是没给你想要的东西（在这个例子里是两瓶汽水）。机器坏了是现实。你感到不高兴，希望机器能动起来，这种想法合情合理。但如果你勃然大怒，猛踢猛捶机器，那你就是没能接受现实。你越是拒绝接受现实，就越会感觉口渴，也就越可能造成连带损失（比如脚折了、手断了，在旁人面前丢人现眼，因为太难过、心事太重而没法继续工作——而此时你还是口干舌燥）。

从本质上来说，感情也是这样，我们总会对伴侣有所期待。

当我们失望的时候，我们有两种选择：接受现实（他 / 她不完美，我们很失望）或愤愤不平地攻击对方。但人类和机器不同的是，我们有记忆，有感觉，我们会反击，甚至会先发制人地攻击对方。因此，如果我们不能接受现实，开始攻击对方，这种行为带来的连带损失就会比机器受到的损害严重得多。

要解决这些问题，我们就要学会至少在当下接受现实。此刻伴侣的行为没能如你所愿，接下来，你可以开始认同自己的需求，以及因得不到想要的东西而产生的失望之情。如果你一直试图用极端的手段来换取温柔的回应，你就脱离了现实，封闭在自己想象出来的充满失望的世界里不能自拔。只有接受此刻的现实和不顺心的事，才是改善这种情境最有效的途径。只有这样做，你才能在未来得到自己想要的东西。

产生希望："三次认同规则"

否定带来伤痛，这一点毋庸置疑。但摆脱否定的循环并不那么容易，还好我们总有希望。研究表明，幸福的伴侣在遭到批评或否定时能够更好地克制反击的冲动，因为他们更容易做到认同对方，而认同正是摆脱困境的希望。

认同不仅有效，而且见效很快。有一种"规则"被称为"三次认同规则"，也就是说，如果在否定面前你愿意勇敢地连续三次进行认同，对方就能停下攻击，他／她对你的负性反应（否定反馈）也能平息。但是，哪怕你知道这种规则，要在伴侣咄咄逼人的攻击面前坚持认同，也实在不是一件容易的事。

韦罗妮卡和保罗常常为一点小事就大动干戈。他们其实彼此深爱着对方，却对对方的评判、批评、疏忽或其他形式的否定高度敏感。他们学习了如何管理自己的情绪，以及如何认同对方。现在，他们开始练习学到的技能。如果事态还没有白热化，两个人就都还可以慢下来，清楚准确地表达自己，认同对方。两人似乎又回到了感情初期，亲密无间，其乐融融。然而，一旦其中一方恶意伤人，对对方大肆批评，那么另一方就会立刻把这些技能抛诸脑后，开始针锋相对，以消极否定攻击对方。争吵过后，两个人都伤痕累累，头昏脑涨，而且会因为自己不礼貌的行为心生愧意。

保罗了解到"三次认同规则"后，决定试一试。他先在想象中演练了如何忍受来自韦罗妮卡的攻击，用更温柔认同的方式回应。没过多久，他的机会来了。两人又开始了争吵，韦罗妮卡指责保罗对自己漠不关心，保罗责怪韦罗妮卡太过敏感、吹毛求疵。几个回合下来，两个人的争吵越来越激烈。这时保罗想起了自己要做出改变的承诺。他深吸一口气，坐下来，试着安抚自己的情绪。他对自己进行认同："天哪，这比我想象的难多了。我现在又委屈又生气，但是静下心来想想，我确实对韦罗妮卡不够关心，她对我说今天过得很不开心，希望得到我的支持和关注，我却没能满足她的愿望。这样一想，我也觉得很羞愧。"他又想起前几天两个人过得很开心，他非常希望生活能一直那样过下去，而不是像现在这样，两个人斗得面红耳赤。接着，他留意到韦罗妮卡也满脸委屈，伤心难过。他意识到她一定非常痛苦，才会一反常态，变得满心戒备，咄咄逼人。要知道，她过去可是十分温柔的一个人啊！

于是，他决定试试认同："韦罗妮卡，我能看出来你现在很痛苦，其实我也是。"这句话认可了她的感受和脆弱，也用脆弱回应了她。她很生气地回答："我真高兴你跟我一样痛苦。"但她也注意到有什么不一样了：莫非他并不是在回击？保罗继续说："我知道，我不够关注你，你感到很失望。你告诉我工作不顺心，我也没能更关心你。"韦罗妮卡注意到保罗的这种转变，但她现在的情绪唤起还比较高。她还是怒气冲冲地回答："20 分钟前你怎么不这么说？你不觉得自己说得太迟了吗？"保罗心想："好吧，再来一次，我相信自己可以做到。"他对韦罗妮卡说："我也希望刚才我这么说了。我知道，你和我一样是不愿意吵架的。但我现在愿意听你说，我很想听听你今天发生了什么。"这些话浇熄了韦罗妮卡的怒火，她放下了防备，悲伤涌上心头，她哭了起来，请求保罗抱着她。两个人拥抱了几分钟后，她的负性情绪唤起降低了，开始讲今天发生的事。保罗认真听着，不时表示认同。韦罗妮卡也表示保罗今天的做法让她觉得很感动，她知道他这么做不容易，但对她来说意义重大。

否定对方后，应如何修复创伤

直面你的否定对伴侣造成的伤害

我们总有否定配偶或伴侣的时候，这时就需要一些补救措施。当然，我们常常觉得是对方先否定我们的，而且事实可能确实如此；对方也常常觉得是我们先开始小题大做，否定他们。尽管这可能是事实，但对此的争论是徒劳无益的，现实是，否定会带来创伤，而创伤需要修复。

找到修复的动力

为了让自己有动力补救伤害，你需要的正是打破否定循环的几个技能：自我认同，自我安慰，保持正念（不加评判地觉知你的伴侣），培养共情，接受现实（在事实非你所愿时），产生希望。那么，第一步就是降低你的负性情绪唤起，找到平衡，并牢记自己的目标，不向绝望低头，以上这些都能帮你做好认同的准备。此外，还有三条理由让我们不管早晚都要努力修复感情：这么做是对的；这么做可以帮助你的下一次沟通往更有建设性的方向发展；这么做可以帮助你增强自尊。

何时修复，如何修复

本章的前几节探讨了如何摆脱否定循环。这一点至关重要。在前面介绍的情境中进行认同时，你就已经在很大程度上修复了你最近对伴侣的否定反馈所造成的创伤。但要打破否定循环，还有其他方式。这些方式通常始于你努力把自己的负性情绪唤起降低到正常水平，接着再修复先前造成的创伤。

修复可以在争吵后马上进行，也可以在下一次争吵前开始。在争吵之后进行修复会比在争吵过程中进行修复简单，因为在前一种情况下你有时间调节自己的负性情绪唤起，一步步地实施上面介绍的几个步骤，提前演练自己要说什么、怎么说。像其他有效表达一样，你需要为修复选出最合适的时间和情境（参考第 6章的内容）。

修复的方法不止一种，但最有效的修复方法包括以下几个部分：真心实意（找到你心中想要修复创伤的部分，而不是只因为觉得自己不得不这么做）；觉知你的否定行为对伴侣造成的影响（留意对方的感受，会有什么样的影响，会有哪些痛苦的感觉）；准确地表达和描述你做的事（你认为你的行为对伴侣造成了哪些影响）；允许伴侣感到难过（你的修复行为不能消除之前造成的伤害，但可以帮助你们继续前行）。

另外，要想真正挽回局面，你需要不遗余力地提高自我控制能力（也就是说，你需要制订计划来提高自己的技能，勤加练习）。这样可以有效降低你下一次重蹈覆辙否定伴侣的概率。你还需要准备好认同自己的伴侣，不要计较他／她对你的修复行为作出什么反应。换句话说，哪怕他／她生气，指责你，或不予回应，你也务必要牢记自己的目标，记住由于你之前的批评与否定，他／她还在伤心。

例如，卡梅伦和查莉在希望两人关系更亲密这个问题上意见不一。一天，两人又因此大吵一架，双方都口不择言。查莉练习过上述的技能，也打算停止否定行为，希望能打破否定的循环，但她还是发现自己的负性情绪唤起已升高，对卡梅伦说了很多难听的话。事后，她感觉糟透了：伤心、恐惧、难过、羞愧。她决定修复自己造成的创伤，因为去修复创伤这件事是对的，卡梅伦不应该受到这样的对待。她想要试着增进感情，这能够帮助双方都冷静下来，提高未来的沟通技能。她也想增强自己的自尊，因为她最近的尖酸刻薄有悖于自己的价值观。

查莉等到卡梅伦用过晚饭，看起来已经平静放松的时候，对他说："亲爱的，我想和你谈谈我们周一晚上吵架的事。我觉得很难过，但我不是要抱怨，也不是又要和你吵架。我只想告诉你，我当时说话太刻薄了，现在觉得很抱歉。你现在愿意和我聊聊吗？"卡梅伦同意了。

查莉接着说："我想，我对你说了那些难听的话，你一定很受伤。如果换作是我，我也会受伤的，任何人都一样。我能理解，你现在大概有点害怕再跟我谈话了，甚至会想这一阵都躲着我。我完全能理解，但我真的希望能和你更亲密一些，我不想和你疏远。"到了这时候，卡梅伦觉得内心柔软了一些，但他一时有点不知所措，所以没有开口。查莉继续说道："我想说的是，我不愿意这么对你。下一次我们再像那样吵架的时候，我会停几分钟，到卫生间里练习留意你，留意我对你的爱。我想这样我就不会那么害怕，也不会口无遮拦地伤害你了。这几分钟过后，如果你愿意，我们就可以接着谈。你觉得呢？还有什么是我可以修复的吗？"通过这个过程，查莉分好几步对她造成的创伤进行了修复。卡梅伦终于愿意开口聊上次的事了，这一次查莉保持了开放、温和、认同的态度。

卡梅伦也注意到查莉贯彻了她的想法，每次争论过程中都停下来几分钟，他对此报以尊重与欣赏。同时，这些行为也反过来使卡梅伦更有动力进行认同。

练 习

1. 练习为自己的感受表达共情，哪怕这些感受让你心里不自在。接受当下的需求和情绪。

2. 想一想，最近你有哪些不同程度的否定行为。按本章给出的几步来激励自己进行认同和修复，降低自己的负性情绪唤起。制订修复计划，在头脑中排练整个过程，预判伴侣的反应（包括消极反馈），并依此决定如何把修复继续下去。

3. 选择时机执行计划。评估效果，适当进行调整。不遗余力地提高自控能力和沟通技能。把注意力集中在你的行为上，关注你要做些什么来使事情不断好转。花一点时间留意自己沟通的技巧和实现美好未来的决心，赞许自己的努力和取得的成果。

第四部分

如何解决感情中出现的问题

第 10 章

理性决策：管理问题与协商解决问题

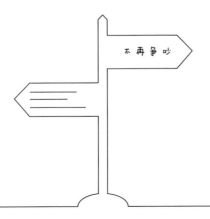

现在，相信你已经掌握了沟通的技巧，所以本章将转换话题，讨论如何解决感情中出现的问题。在感情顺利的情况下，很多伴侣对此都颇有心得。但对如何处理问题和协商解决方案做到心中有谱更能帮助你实现感情顺遂。本章将首先介绍管理问题这一概念（与解决问题相对应）；然后列出几个步骤，帮助你澄清自己的目标，尽可能地帮你解决问题；再告诉你如何管理那些无解的问题，以免对感情造成进一步的伤害。

解决问题与管理问题

像管理财务一样管理感情问题

解决问题意味着让情况在根本上发生改变，例如，问题彻底消失或很长时间不再出现。以屋顶漏水问题为例，你可以请别人修好它，也可以自己动手。问题一旦被解决了，你就至少在很长一段时间内不需要再考虑这个问题。当然，如果第一次修复没能奏效，你就可能会采用更昂贵、更全面的解决方案（比如换一个新屋顶）。经过一两次尝试之后，漏水问题就不复存在了。

然而，大部分感情问题很复杂，并不是修缮屋顶这样简单的问题能够比拟的。当然，感情中也有比较简单的问题，比如谁下班后去接孩子。这种问题只需要伴侣一方或双方做到自己该做的事就可以解决。但大部分感情问题都似沉疴难以解决：你以为已经解决了这个问题，但一周以后它又会再次出现。要解决感情中的问题，往往需要无数次的尝试。有些问题甚至根本无法得到永久或半永久性的解决，需要定期处理。所以，更好的办法是像管理财务一样管理这些问题：事情在不断地改变，有时候你可以预测未来会发生什么事，有时候则无可奈何。比如，现在不愁钱不代表你下个月或明年也能保证衣食无忧，因为各种状况都可能发生（收到账单、收入降低、工作变动、意外支出等）。

此外，有时伴侣双方在问题到底是什么这一基本观点上就存在分歧。比如其中一方认为问题在于"谁应该洗碗"，而另一方则认为问题是家务分配不"公平"。这两个问题虽然相关，但解决方案不尽相同。因此，有时候解决问题首先要在问题的定义上取得共识，但有的时候只需要找到同时满足双方的问题的解决方案足矣。

有时真正的问题在于伴侣一方对问题或情境产生的情绪，例如觉得自己受到了误解，或是认为对方没有重视自己的愿望。在这种情况中，改变并不是必选项，只需准确表达和进行认同就能解决问题。例如，你觉得问题在于家务分配不公平，但经过讨论，你发现原来自己只是感觉没有得到伴侣的赞赏。如果能知道伴侣实际上完全明白你做了什么，并且心怀感激，这个问题就不攻自破了。

因此，问题能够解决时，讨论如何协商解决方案；问题暂时无解的时候，更明智的做法是探讨如何接受问题，认同彼此对问题的想法。从这个角度来说，我们接下来要做的事更准确地说应该叫作管理问题。

定义问题

问题总在不断发展变化，你需要变通的能力

很多感情问题都源于伴侣中的一方希望另一方有所改变。改变显然属于解决方案的范畴，而不是对问题的界定。例如，凯文对洗衣服深恶痛绝，所以他认为问题在于有时候艾丽西娅让他洗衣服。而艾丽西娅则认为问题是自己承担了大部分家务。两人时常为谁没做什么而吵起来。那么这里的问题到底是什么呢？这里面是不是包含了两个彼此独立但又彼此相关的问题？

在艾丽西娅和凯文坐下来谈论他们的感受和愿望，也做好倾听、认同对方感受和愿望的准备之前，没有人知道这些问题的答案。总之，凯文不喜欢洗衣服。艾丽西娅有点困惑："为什么呢？"她可以进行评判："这有什么大不了的呢？"也可以选择认同："看来你确实不太喜欢洗衣服啊，这是为什么呢？是什么原因让你不愿意洗衣服呢？"原来，凯文是一位机械师，每天都忙于维修发动机。他的手经常沾满油污，必须要用强力清洁剂才能洗干净。长期工作下来，他的手粗糙开裂，酸痛不已。洗衣服让他的手指皲裂更严重，有时甚至破溃流血。手上的伤口不仅让他感到十分痛苦，还影响到他的工作。这些艾丽西娅以前都不知道。她对凯文表示了由衷的接受和认同，说道："我要是早点知道就好了！可怜的人！"

艾丽西娅有几种反馈方式可以选择。

第一种方案是，艾丽西娅接受这种情况，同意由自己来洗衣服，也不怨恨凯文，因为她明白洗衣服确实是难为凯文了。请注意，在这种方案里，艾丽西娅的确需要承担更多家务，而这恰恰是她抱怨的事！但鉴于她现在已经理解了凯文为什么不愿洗衣服，她也能接受这件事。至于凯文，他自然因为不用再洗衣服而感到高兴。

第二种方案中，艾丽西娅希望凯文能多做点别的家务作为交换："我来洗衣服，你能扫扫地，打扫一下卫生间吗？"这时候就需要两人进行协商。艾丽西娅愿意承担洗衣服的任务，因此凯文也愿意多做点别的家务。两人都满意了。

还有第三种方案。艾丽西娅很同情凯文的皮肤问题，她建议他去看皮肤科，开点药涂抹手指，再多用点护手霜。如果她能用安抚和认同的方式和凯文对话，那么凯文可能会答应，如果他的手好起来，以后就继续由他来洗衣服。她可以说："天哪，亲爱的，你的手裂得很严重啊！我得给你弄些药。我打电话给我姐姐——她对她的皮肤科医生很满意，说不定你可以预约到这位医生。"但假如艾丽西娅直截了当地开始进入解决问题的模式，只关心谁来洗衣服的问题，恐怕事情就没那么顺利了。如果她说："哎，你要是能把手保养好一点，去皮肤科看看，多涂点护手霜，洗衣服不就没那么痛苦了吗？"想象一下凯文此时会有什么反应。他可能感受不到任何安抚和关怀，所以既不想去看皮肤科医生，也不愿意洗衣服。下一周两个人恐怕还得再为洗衣服的事吵架。

从这些方案里我们可以看出，问题不是静态的，也往往不那么容易解决。问题总在不断发展变化的过程中，解决问题需要大量的沟通、澄清、自我觉知、对伴侣的觉察和随机应变的能力。试着定义问题固然很好，但如果你们发现两个人对问题到底是什么都有自己的解读，也不要太惊讶，试着耐心、温柔、认同地讨论。你只有用上自己学的沟通技巧，才能在交流过程中增进对彼此的理解，使问题更容易得到解决。

分析问题

抽丝剥茧，确定导致问题产生的因素

现在你已经知道了伴侣双方看待同一个问题可能有不同的角度，那么现在是时候更好地理解问题了。分析问题的方法有很多：你们可以笼统地讨论这个话题，探讨为什么它会成为一个问题，也可以分析某个具体的例子，等等。分析问题时最重要的是只进行描述，不要偏离主题，并同时关注问题发生的背景和想要改变的行为（或不作为）会带来哪些后果。这种方法有时也被称为"行为分析"或"链锁分析"，因为导致问题的每一步（或每一环）都可以被确定。任何一个环节发生改变，都有可能对整个问题造成影响。

你们可以选择一个具体问题作为例子，核对具体事件、时间、地点，确保你们讨论的是同一件事。你们还可以把各个步骤先写在横格纸上，把纸对折成两栏，在顶端分别写上你和伴侣的名字。这样一来，你们既能看到对于两个人来说问题是如何分别展开的，又能看到两人在整个过程中的互动行为。

首先，界定你带到情境当中的情绪，特别是那些和问题本身无关的情绪。然后，双方分别在自己的一栏中从上到下按时间顺序写下自己的感受、想法、反应等，使两栏中的内容按时间对齐。最后，两人在纸张的中线上写下当时说的原话或具体的行为（比如翻白眼，转身离开，温柔地握起对方的手轻轻抚摸，等等）。这样，两人都能了解当时对方的心理活动（想法、感受、愿望），使得双方都能看到自己是如何回应对方的，通常也能同时了解这种回应背后的原因。

例如，詹妮尔和特雷经常因为家庭预算吵架：应该存多少钱，开支应该是多少，该买什么，等等。其实两个人都具备沟通的技能，而且也相互尊重，认同对方，但每一次两人试图聊一聊这件事时，谈话最后都会陷入僵局。他们决定试试分析问题。

两人同意详细回顾上周六早上的吵架过程。下面是他们的链锁分析：

詹妮尔	特雷
詹：疲惫不堪，压力重重。	特：焦虑，担心詹妮尔会生气。
詹："我过一会儿要和姐姐去商场，晚饭前回来。"	
	特：想起信用卡债务，担心家庭经济。
	特："哎，我们都要破产了，要不今天就别去商场了吧？"
詹：他居然敢叫我不要花钱，他上周才出去买了一堆的 CD（激光唱片）。感到受伤，愤怒。	
詹："哼，你买 CD 的时候不是觉得我们有钱吗？我现在去商场应该也有钱吧？"	
	特：内疚，接着开始评判，心想"她真讨厌"。开始生气。

（接下图）

（接上图）

詹妮尔   特雷

特："你在金钱方面真是太不负责了，我辛辛苦苦地工作，你却毫不关心。要不是因为你，我们也不至于债台高筑。你什么都不管不顾，一切都是我负责！"

詹：感到内疚，但又觉得特雷的说法不公平。

詹："你太不公平了。你想买什么就买什么，却总想限制我。我不会让你得逞的。"说完摔门走了。

詹：负性情绪高涨，在心里评判自己和特雷。

特：感到忧虑、难过、愤怒，决定在詹妮尔回家前出门，就想躲开她。

詹：购物使她"感觉好起来了"，但在回到家的一瞬间这种感觉就消失了。

特：想念詹妮尔，但心里还充满愤怒和评判。

特雷回家时，两人又大吵一架……一切又从头开始。

图 7

一起细看当天发生的一系列事情时，詹妮尔和特雷都吃惊地发现，两人之间的问题很大程度上并不在于钱，而在于两人交谈的方式。两人都承认对方受到了伤害，也认为在争吵的整个过程中对方的反应是合理的。可以明确的是，两人都为家庭经济感到担忧，也都希望能实现收支平衡。但詹妮尔很反感特雷单方面决定如何解决经济问题，她希望能商量出一个对双方都有利的解决方案。经过协商，两人制订出预算计划，允许两人每周都有一笔等额的钱供各自自由支配。特雷认为问题解决了，家庭经济不再入不敷出；他觉得这个方案公平合理，也能感受到詹妮尔对问题的重视。詹妮尔也赞成这个方案，因为这样她就可以自由地安排自己的开支，不用时刻向特雷汇报了，同时，她也感受到了特雷对自己的尊重。

　　要逐步分析问题，还可以按图 7 的示例依次写出各自问题的步骤。

　　用这种图表的形式来表现争议的过程可以使两个人都看到在冲突迅速升级的情况下无法看到的事情。识别每一步或每一环节都可以增进你和伴侣之间的理解，因为每一环节都是认同的机会。

两个人都有自己隐藏在内心的想法和情绪，也有公开的话语和表达。下图用空心环来表示内心的步骤或环节，用实心环来表示公开的内容。

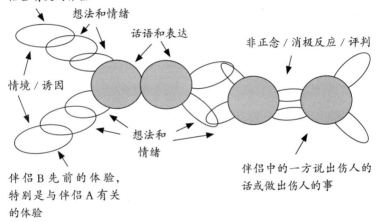

图 8

接受：改变之外的另一策略

当问题无法解决时，不如选择接受

到目前为止，本章已经讨论了初步的解决问题的方案。当方案可行时，协商和改变就立即成为有效的方法。然而，伴侣有时会遇到这样的问题：每一次他们似乎都"解决"了这个问题，但下一次同样的问题又会卷土重来。在这种情况下，更明智的做法是接受这个问题的存在。也许某一天你能解决这个问题，但现在可能还不是时候。

接受并不容易。如果伴侣双方都不受问题的困扰，那么也就无须思考解决方案了。接受往往意味着至少有一方仍感到困扰，然而，有时候解决方案会化身为问题本身的一部分。如果詹妮尔和特雷商定的预算不切实际，或是令他们难以遵守，两人就会继续因钱的问题而争吵，特雷埋怨詹妮尔，詹妮尔则会不断反击。

有的时候，问题变得令人难以招架。对于冲突双方，哪怕只是想到现在不用解决它，两人就会感到短暂的轻松和自由，觉得得到了喘息的机会去享受生命中其他部分。第11章将会再次讲到这个话题，但是目前我们要面对的是，如果一个难以根治的问题正慢慢耗尽你的精力和善意，我们就应该考虑这种可能性：这个问题其实并不像看起来那么严重，我可能暂时要忍受这些事情。

改变：协商解决方案

根据冲突问题制定、评估协定方案

特雷和詹妮尔的例子告诉我们，有时两个以上的问题会同时出现，其中至少有一个问题是冲突的主题（欠债或谁来决定两人的开销），另一个问题则往往是冲突的过程（为什么两人开始为钱吵架，为什么两人会撕破脸）。对于集中解决或管理问题的哪一部分，两人必须协商一致，心中有数。特雷和詹妮尔只有在找到更好、更有建设性的方案后，才有可能处理好真正的冲突内容（家庭预算）。这种情况并不少见。

一次只专注一个冲突主题

在问题分析或链锁分析之后，下一步是列出冲突主题。一开始你们可能只是从单个主题开始，但最后的列表可能相当长。如果你们之前做过链锁分析，对冲突过程有一定程度的了解，列表就更有可能变长。事实上，你们最好只列一张表，确保每次只专注一个主题。这就是你们的目标，对其保持专注。

列出冲突主题之后，在试着解决问题之前，你们要先建立健康有效的冲突处理过程。你们可以用以下两种方法进行链锁分析：识别自己的反应、评判以及其他非正念行为，使用技能改变下一次冲突时的行为；两人用本书列出的所有认同技巧（从正念倾听到在他/她的反应中找到"当然"）一起回顾冲突的各个环节或步骤。一旦你加深了对伴侣的理解，用更温柔、低反应性的方式来回应他/她，事情就容易多了。等到你们可以只专注于真正的主题，而不产生大量负性情绪，导致回避或否定对方，你们就真正做好了准备，可以开始协商问题的解决方法。

通过头脑风暴寻找可行的解决方案

针对问题的主题，想象你可以做些什么来改善情境或解决问题。在讨论的开头，你们可以分别说出一个由自己负责的解决方案。你们提出的方案可能不是全部都可行，但通过这种方式，你向对方传达了自己解决问题的决心，而不是非要对方改变不可。有效的解决方案往往需要双方都做出改变。

伴侣一方或双方通常对如何解决问题都有自己的看法，但切记，解决方案可能只是所有可行方案中的一种。也就是说，你要坚持的是解决问题，而不是坚持某一个解决方案。

你可以随时在列表上记下想到的可行方案，比如你能做些什么来帮助解决问题。你还可以进行头脑风暴，想出尽可能多的可行方案。你要敞开心扉，发挥创造力，也可以从其他途径（朋友或亲戚、书本、网络）寻求帮助。你只需牢记，无论何时，与他人讨论问题时都不应把这次讨论当成显示自己正确、指责伴侣错误的机会。同时，你应确保伴侣不介意你与其他人讨论这个问题。如果伴侣介意，你就不应与第三人谈论该问题。最后，记住这可能需要一段时间才有效果。你们应该只在自己态度积极、情绪平和时使用这个方法。如果你们中途需要暂停几分钟甚至几天，这也并无不可。问题毕竟已经存在一段时间了，要找到有效的解决方案自然也不可能一蹴而就。

克洛伊和伊森总为抚养孩子和孩子的教育模式等问题争吵。克洛伊认为伊森对两个孩子太苛刻，行事太过专制，而伊森则认为克洛伊太纵容孩子。但两人都认为分歧给孩子带来了困扰，因此愿意共同解决这个问题。他们根据上面列出的步骤，对最近的一次争吵进行了分析。两人一起逐步回顾了各个环节，确定了自己应做哪些事以提高争论的建设性并使自己认同对方。在他们选择的这个情境中，两人六岁的儿子凯莱布哭闹着，不愿做自己分内的家务（收拾自己的碗碟，把干净、叠好的衣服放进房间抽屉里）。克洛伊一如往常地想要安抚凯莱布，温和地敦促他完成任务，在他做完之后她会毫不含糊地表达对儿子的赞赏："干得真棒！我真为你感到骄傲。"而伊森也像往常一样想让凯莱布停止哭泣，马上去干活。凯莱布希望父母都不要抓着他哭哭啼啼的事不放，而是只提醒他做家务。但如果凯莱布没能在规定的时间（15分钟）内去做家务，伊森就会剥夺他进行一项活动的权利，比如"今晚不许看电视了！"因此，伊森和克洛伊决定通过头脑风暴想出可行的方案，用来解决他们在教育凯莱布的方式上存在的矛盾。以下是他们列出的部分解决方案：

1. 家务是由谁布置的，就用他 / 她的方式处理问题。

2. 两人轮流处理问题。

3. 向育儿咨询师寻求帮助，或参加育儿课程，听取专家的建议。

4. 掷硬币决定用谁的方式处理问题，一个月后进行效果评估。如果凯莱布能更加配合地完成家务，就继续用这种处理方式；如果情况变得更糟（或没有好转）就使用另一个人的处理方式。

5. 为凯莱布做一张计分表。如果他完成了家务活，没有哭或抱怨，就可以得到一分。积分可以用来换取玩乐的时间或娱乐活动。

6. 如果已经提供了其他方案，凯莱布还是哭哭啼啼地不愿做家务，就不允许他看电视或进行其他活动，直到他做完家务为止。

7. 雇一位保姆来处理此类情况。

8. 两人都可以用"啦啦队"策略来帮助凯莱布集中注意力。

9. 两人不再纠结谁的教育方式是对的，而只关注凯莱布是不是个快乐、有礼貌的小家伙。也许他们需要做的只是停止因为这些小细节而引起的争吵。

你可以看出，这份列表所涉范围相当广泛。完整的列表还包括很多其他内容。事实上，克洛伊和伊森的教育方式与最优秀的育儿专家并没有太大差别。你没看错，专家与专家之间也会意见不一！当然，如果家长的行为极端甚至有害（极度纵容或极度专制），那么他们还是应该寻求书本或专家的帮助。这一类的争吵实际上与我们自身的成长经历、我们自己的恐惧与脆弱有关，因此通过尽可能地列出处理问题的可行方法，两位家长都能了解对方的心声，知道如何认同对方。

例如，克洛伊记得自己小时候父亲常大声责骂她，也记得自己因此有多难过。因此每当伊森对凯莱布态度强硬的时候，克洛伊就感到很不舒服。实际上，伊森的态度并不恶劣，更谈不上粗鲁。克洛伊不希望凯莱布像她一样对自己的父亲心生恐惧，也不希望伊森用她父亲对待她的那种凶神恶煞、吹毛求疵的方式来对待凯莱布。伊森心里想着的却是他那十七岁的外甥。他的姐姐和姐夫对那孩子似乎从来没有任何约束，也从没有用任何规矩要求那孩子。因此，那孩子举止无礼、令人生厌，没有一个孩子愿意和他玩。伊森心里一直对宠溺、放纵的教育方式难以认同。他担心克洛伊会把凯莱布"宠"坏，担心儿子会变得毫无自控能力，目无纪律，缺乏自尊，最终无法过好这一生。幸运的是，克洛伊和伊森以专注和认同的态度进行了谈话，两人变得更加亲密，在教育孩子的问题上合作更紧密。虽然还不一定知道该如何解决问题，但两人对对方的理解更深入了，也更加信任对方，不再为教育孩子的问题忧心忡忡。

通过协商形成协定方案

接下来你们要做的是协商。通过头脑风暴总结出可行的解决方案后，你可以立刻开始这一步，也可以先暂停一阵再开始。首先，逐条讨论解决方案。你喜欢哪些方案？为什么？每一个方案的优点和缺点（利弊）分别是什么？其次，一起分析每一个方案，把想到的利弊告诉对方。如果你们两人都认为某些方案不可取，就把它们从列表上画掉。最后，你们是否能把剩余方案的优点集中在一起，形成一份协定方案？

和其他步骤一样，协商也需要双方的耐心和坚持。你可以向伴侣提出建议，再一起评估这个建议。你们可以适当进行一些讨价还价或无伤大雅的谈判："如果你愿意做 X，那我就愿意接受Y。"解决方案无所谓正确与否，只有能否起效的区别。如果你们选择的方案最终没有起效也无须担忧，只要重新回到这一步，分析哪里出了错，重新制定一份协定方案即可。

如果无法达成一致，你们就可以考虑调整目标。如果想要解决的问题太大，就先处理其中一部分。有时在协商出解决方案之前，你们需要先解决另一个问题，这些都是再正常不过的事情。最重要的是你们都下定决心通过准确、明白的自我表达，不吝认同来实现更有效的交流，决心得到两人都能接受的解决方案。

坚持按协定方案解决问题

找到双方都能接受的协定方案后，你们最好把它写下来。这是因为各种方案纷繁复杂，有可能你认为自己同意的是一件事，而伴侣却以为他／她同意的是另外一件事。因此，要清楚地记下你们的协定方案。在接下来至少 24 小时内，你们不要再进行任何讨论，不要再对协定方案进行修改。过了这段时间，你们可以再回头看这份协定方案。两人如果仍旧认为能够接受，就可以开始进入实施阶段了。但如果你们对这份协定方案的感觉和 24 小时之前不太一样，也不要惊讶。也许你们觉得它更完美了，也许你们觉得它看起来突然不可接受了。不要感到沮丧，这是很正常的。这代表着你们需要重新开始协商。当然，这一次仍需怀有诚意，请不要否定对方。

请一定准确地说明自己希望从对方那里得到什么。这里的关键不在于评价对方，而是制定出清楚详细的协定方案。现在到了实施协定方案的时候了，你们要在时间上达成一致，确定什么时候开始执行这份方案。

你们还要约定什么时间评价协定方案是否产生了预期结果。开始实施与进行评估的时间间隔应足够长，使你们不致产生巨大压力，但又应该能让你们及时调整协定方案，使其起效的可能性最大化。现在要解决的是以下几个问题：我们如何得知计划起效了？有什么样的衡量标准？得到怎样的结果才算彻底成功？得到怎样的结果算部分成功？得到怎样的结果才算彻底失败？你们要先在这些问题上协商一致。

评估协定方案是否起效，及时进行调整

你们在评估时，重要的仍旧是真心诚意地进行对话。进行评估不是对成功沾沾自喜、对失败幸灾乐祸的时候；不要在这时候指责对方，不要说诸如"我早就告诉你了"之类的话，也不要因为你的想法未能如愿而感到羞愧自责。这是两人一起面对结果的时候。计划是你们作为伴侣共同制订的，你们休戚与共。

事实上，很多计划的第一次尝试都以失败告终，也有许多计划通过了第一次的考验，却没能获得第二次、第三次的成功。计划失败绝不代表你们能力不行。如果问题这么容易解决，很久以前它就应该已经解决了。正是因为这些问题棘手、复杂，极易触发负性情绪，它们才难以解决，所以多次尝试并不罕见。

当下最重要的是根据制定协定方案时定下的衡量标准对计划的实施结果进行评估。如果计划有效，就拍拍对方的背：咱们做得很好，并且还很幸运。如果没能取得想象的成果，你们要想明白哪里出了问题。你们可以对那些未能起效的部分进行

问题分析或链锁分析，更细致地分析情境，重新回顾整个过程（不用担心，这个过程通常比第一次要快），从失败中总结出经验教训，重新协商新的协定方案，再次制定评估结果的时间和标准。如有必要，你们可以重复上述步骤。

协商解决方案不是一蹴而就的事，但我们可以从本章中看到，在协商的过程中，我们能得到许多附带的好处：我们可以更好地理解对方，清晰、准确地表达自己，认同彼此，共同合作解决问题，不再把对方当成引发问题的罪魁祸首，因此也无须争斗不休。

练 习

1. 选择最近出现的一个小问题，和伴侣坐下来，一起定义这个问题。敞开心胸，认同你的伴侣。

2. 留意你对问题的定义是如何随时间而发生改变的。这种改变可以是在你们讨论问题时出现的，也可以是因为你提高了对彼此的困扰的觉知而产生的。

3. 选择你们最近产生的无伤大雅的小冲突，对它进行问题分析或链锁分析。发生了什么事？列出或画出你的想法和情绪、你的话语和行为。讨论冲突的各个环节，把每一"环"看作机会，用来增进对伴侣的理解。认同伴侣的情绪和愿望，以及链锁中的其他反应。

4. 完成第一个计划后（你可能需要尝试多次才能成功），在更大的问题上尝试以上步骤。暂时无须考虑如何解决问题，目前只需通过练习增强对问题的认识并了解两人争吵的过程。记住认同对方！

5. 练习协商解决方案的每个步骤。从一个看起来能够解决的小问题开始。如果最后你发现它其实比你想象的严重，也不必担心。逐步实施各个步骤。在整个过程中使用以下技能：对自己和伴侣保持正念，自我管理情绪，准确表达，合理化认同。

6. 评估你们作为伴侣合作解决问题时的表现。弄明白下一次你们可以做些什么，让这个过程更加顺畅。

7. 选取另一个小问题，重复以上练习。用不同的小问题进行练习，直到你们能真正实现合作。

8. 根据复杂程度和情感负荷逐次升级问题，按步骤练习，在每一步上对伴侣不吝认同。

第五部分

如何放下问题所带来的心理痛苦

| 第11章 |

放下痛苦：把冲突转化为亲密感

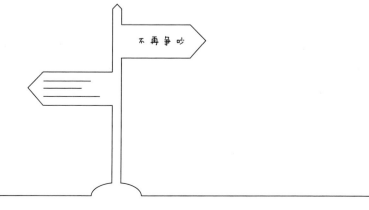

本书已经到了最后的部分。现在，你们已经练习了各种技能和步骤。如果你们已经进行了大量的练习和不断提升自己作为个人和伴侣所需的技能，我希望你们交流的质量和生活质量已经大幅改善。但如果问题还没有完全解决，也不要沮丧。这不是你的错，也不是伴侣的错，问题本来就是生活的一部分。本章旨在帮助你了解如何放下问题所带来的痛苦。在前面所学技能的基础上，再加上一些更高级的方法，你就能把残存的冲突转化为亲密感。通过保持正念和接受技能，你能够充分与伴侣互动，投入感情和生活中，在彼此身上找到平衡，在每一步互动中享受亲密感。

痛苦模式：既不接受又不改变

痛苦的本质是对现实既不接受又不改变

每一天，我们都会经历顺心和不顺心的事。有的事颇为重要，我们会希望能得到想要的结果。在意结果能使我们更有动力为取得自己想要的东西而努力。然而，我们似乎并不具备使自己满足于自己实际所得的技能。在许多亲密关系中，这似乎都是棘手的问题。

许多伴侣对感情都有自己的期待。有些人希望对方更主动，能和自己一起冒险，每件事都和自己分享。也有些人希望感情像一个港湾，能让他们在一天结束时躲开这冰冷痛苦的世界。简而言之，对于一段良好、健康、亲密、相互支撑的感情关系该是什么样，人们有多种多样的见解。这就是为什么我们希望伴侣能有和自己对感情一样的憧憬，也是为什么当找到这样一位伴侣时，我们的心情会非常激动。

然而，我们对感情的期待并不是总能得到满足。首先，我们总会忘记，对于理想的世界该是什么样，感情应该如何，子女教育方式如何是好，想要什么样的汽车，甚至饮食、预算、性爱、衣服和牙膏这样的问题，人们都有着成百上千种想法——世上没有两个人是完全一样的。其次，我们也总会忘记，除了改变，没有什么是恒久不变的——这个世界在不断地变化，我们也在不断地变化。哪怕你和伴侣在这一刻有着数不清的相似之处，你们也无法保证下一刻还是如此。在大多数情况下，你可以认为这种改变是成长的表现，但当事情与你有关时，你还是会感受到失落、难过、悲伤、孤单。

因此，我们面临着最根本的选择：是与改变（尤其是伴侣的改变）进行抗争，还是接受它们。你要想改变，就要付出巨大的努力，做出大量妥协。而努力和妥协就意味着一定的伤痛，改变的煎熬，失去和改变带来的悲伤，等等。你的伴侣可能会先于你感受到这种伤痛，因为他／她需要回应你的愿望，做出改变。你的愿望得到了满足，因此感到轻松。但如果你对自己的伴侣保持正念，就同样会对他／她的伤痛和损失感同身受（因为他／她做出了改变，放弃了自己的偏好）。当然，改变也可以令人满足，使人振奋。但有得必有失，至少从某种意义上来说，改变代表着失去一些过去珍视的东西。此外，接受也能带来一定的伤痛：我们意识到过去坚持的事物发生了变化，或干脆不复存在，因此不免感到悲伤。总之，接受或改变总伴随着伤痛，但这种伤痛是获得美好人生必不可少的代价。

而痛苦则是另一回事。当我们陷入问题当中，既无法有效地让事情按我们的意愿发生改变，又无法接受现实，痛苦就会产生。我们把这种不接受／不改变的处境当成一种痛苦，不仅是因为我们得不到自己想要的东西而心生沮丧，还因为不接受现实给我们带来的不快，也因为我们仍旧无法放弃自己想要实现的改变。这种痛苦就像黑洞一样，把周围的一切尽数吸入其中，扭曲了时间，使你觉得感情或生活中的一切都不遂人愿；你甚至脱离了当下，觉得一切似乎都不得安宁。你和配偶或伴侣之间出现了一道鸿沟，亲密感荡然无存。你饱受折磨，你的伴侣也和你一样痛苦，你们的感情备受伤害，但这种痛苦往往毫无必要。

在上一章中，本书讲述了如何取得你想要的改变。如果你或伴侣能够改变，从而使两人都得到更多自己想要的结果，那么为此付出的努力和经受的伤痛就都有价值。但如果你不断尝试，却始终无法改变情境、改变自己或改变伴侣，那么你又该如何去做呢？

　　如果你始终放不下改变的想法，又无法真正得到想要的结果，那你就陷入了不接受 / 不改变的困境。既然你放不下这种想法（你始终认为改变是对的，无法想象不做出改变应该怎么过下去），你就不免认为解决这个问题只能靠更大、更好、更有效的改变策略。如果是这样，只能祝你好运了。问题不在于你应该停止尝试获得自己想要的东西，你有权去追求自己想要的东西。真正的问题在于，你如果继续尝试改变你的伴侣，就需要在感情和生活上付出代价。下面我们将讨论另一种方法：接受现实，哪怕你一开始并不喜欢现状。

寻找接受和亲密感

接受伴侣，只要不违背你根本的价值观

有的时候，你希望专注于改变，这当然无可厚非。但有时冲突也会发生。你的伴侣做了一些让你不满意的事，你希望他／她能停止，但这些事反复发生，而且难以改变。在你内心深处，你知道要求伴侣改变的想法在过去没有奏效，未来也不会奏效。你真的希望他／她能改变，然而改变没有发生，也可能不会发生，这种不接受／不改变的状态让你感到崩溃。

哪些事可以被归入不接受／不改变的范畴呢？从原则上来说，如果伴侣做了让你不悦的事，只要这些事还不违背你根本的价值观，你就可以尝试改变它或真诚地接受它。比如，你的伴侣把车停进车库的方式令你不满；他／她总记不住把马桶盖放下；他／她进家门以后总想自己待上几分钟，不顾你想要谈谈自己一天的工作和希望能拥抱他 / 她的愿望；你需要安静一会儿的时候，他 / 她立刻表示出失望或受伤；你们教育子女的方式有不同；他 / 她对你珍视的事兴趣寥寥；他 / 她把脏袜子留在楼梯上。这些都是你一而再再而三想让伴侣改变的事，但你一直以来的努力都是徒劳的。选择其中的一件事，考虑以下步骤或练习，用来代替你平常对伴侣表现出的唠叨、抱怨、愤怒、沮丧或尖酸刻薄。你可以随时退出，回到专注改变的状态。

行为忍受

要实现接受，就不要再试图改变伴侣（至少针对你选择的这个行为）。这听起来简单，实际上却不容易做到。哪怕只是几天或几周的时间，要放开你对改变的关注或者"改变习惯"，你也会面对两个难题：第一，忍耐你想要改变的情境或行为会带来痛苦；第二，放弃自己的"改变习惯"意味着你会首先感到失望，因为你将得不到心里想要的结果，而且要面对自己将承受损失的现实。

第一步，留意你用哪些方法试图让伴侣做出改变。你是唠叨、抱怨，还是写一些尖刻的字条，发电子邮件斥责这种"问题行为"（或某种不作为）？用几天时间观察自己用哪些语言和非语言（包括"杀人的眼神"）的形式向伴侣传递这个意思。你要把这些都记下来，以防自己错过任何一种试图让他/她改变的方法。

第二步，暂时停止以上所有行为。在一段时间内（比如三个星期内）放下你的改变目标。不要唠叨，不要抱怨，不要故意皱眉蹙额、翻白眼，不要以牙还牙，任何试图让他/她按你所希望的方式去做事的方法都不要用。这是停火时期，你必须单方面地做这些事，不要告诉你的伴侣，因为这是只对你有利的事。他/她自然会因为你不再抓住问题不放而感到轻松，但你这么做并不是为了对方。你这么做是因为你自己感到困扰，想要尝试不同的策略。过去你所使用的策略未能奏效，也许这条不同的道路可以引领你走向全新的、更加安宁的未来。

要想停止把改变伴侣作为自己的目标，你就先要学会处理随之而来的情绪（强烈的失望）、因得不到自己想要的结果而感到的沮丧，以及进而产生的评判与愤怒。

管理失望情绪

失望和悲伤、难过同属一类情绪，因此这几种情绪在很多方面颇为相似。如果你没能得到自己想要的东西，无论原因是什么，失望都是你会感受到的情绪之一。失望会带来痛苦，它常常使人感到失去力量，使人想要退缩、逃避、放弃（至少暂时如此）。下文将提供三个重要的反馈方法，这些方法能够帮助你的失望情绪自然发展，使你不致陷入悲伤和抑郁中无法自拔。

1. 认同失望：因得不到自己所要的东西而感到失望是合情合理的。你可以自己认同这种感受，也可以让别人认同你。

2. 安抚伤痛：体贴地对待自己，对自己做一些你平常用来安慰别人时所做的事，或让别人来安慰你。

3. 积极行动：积极行动是治疗抑郁的良方，也可以有效地防止悲伤升级成抑郁。积极行动包括参与体育运动、社交活动、学术/认知活动和娱乐活动等，也包括激励自己多做一些事。积极行动不只使你远离负性情绪状态，更能带来积极情绪状态。当你融入世界时，你会做一些有乐趣的事，而这些事正是治愈悲伤和失望的良药。

在你执行自己的计划，而且尽力避免唠叨、抱怨，不费劲地去改变伴侣时，留意这个过程中你的失望、自我认同、自我安抚和积极行动，特别是积极地与伴侣一起进行的行动。

放下沮丧和愤怒

你会注意到，在戒掉（至少是暂时地戒掉）自己的某些习惯时，你会对伴侣产生大量的评判。你可能会想："凭什么我要感觉这么不舒服？我的要求又不过分。他／她就该改变，又不是什么大事。"注意，这些评判和否定的言辞其实是合理的。从某种意义上说，评判和否定相当诱人。考虑到你的另一个选择是忍受自己的负性情绪，这种诱惑力就更加明显。你对伴侣说出的这些评判性话语会在你心中催生出大量的怒气，而愤怒反过来又会使你的想法更具评判性。观察这个模式：它很正常，合情合理，但又破坏性极强。当你的感觉糟糕至此时，你会强烈地想要回到过去的模式，只想让伴侣做出改变。但请记住，你已经下定决心不再发牢骚，忍受接下来的一切时，你体验的这些"戒断反应"就会慢慢消退。

安妮和赛斯过去争吵不断，但最近他们通过努力大幅改善了两人的感情。然而，两人还是有一些行为令对方无法接受。虽然两个人都一再恳求对方改变，也综合使用了第 10 章介绍的问题管理方法和协商技能，清楚地表达了自己的焦虑心情，但在某些关键点上，两人似乎无论如何也无法做到对方要求的事。

一方面，赛斯经常（每周一两次）在他们两岁的女儿凯拉睡前逗她玩耍，导致孩子精神高涨，难以入睡。凯拉总要从床上跳起来好几次才肯躺下，结果第二天早上昏昏沉沉，筋疲力尽。安妮听到赛斯和女儿满屋子地追着玩闹，心里总是非常生气。他们玩闹的时间太晚了。她一直责怪赛斯，让他不要在孩子睡前同孩子闹，不要那么晚还和孩子嬉戏。

另一方面，安妮是一个丢三落四的人，她总是弄丢钥匙（她的或者赛斯的），把自己锁在门外打不开门，或者把钱包落在饭店里。因此，安妮经常需要赛斯来"拯救"自己和孩子们，而这对赛斯来说是很麻烦的事（例如，安妮把钥匙锁在车里，导致他需要从公司请假，到食品店去给安妮和孩子们开车门）。他痛恨这种情况，竭力要求安妮管理好自己的钥匙和钱包。

很显然，安妮和赛斯都不是坏人，两个人都是负责任的家长，大体上也是恩爱的伴侣。但两人都有自己的问题行为，虽然是些无伤大雅的小毛病，但这些行为的确使彼此难以忍受。那么他们该怎么做呢？他们反复要求对方改变，但没有任何效果。上面说的两种情境恰好都可以用于尝试停下旧习惯，不再发牢骚、抱怨甚至厌恶对方，而是忍受对方那些令人难受的行为。

对赛斯在睡前和孩子玩闹的行为，安妮决定不再抱怨和批评。她把旧习惯抛到一旁，开始在卡纸上记录每一次自己想对赛斯发火的情境，结果她发现这种情境并不少。她练习留意自己的失望之情，惊讶地发现自己放下评判和怒气时，心里会感到浓浓的哀伤。虽然还是有很多评判的言语从她的脑海中闪过（比如"他是个大人了，得知道该做什么不该做什么""他真是完全不替别人着想"和"他和一个两岁孩子似的不懂事"），但她没说出来，而且她坚持这么做。她选择安抚自己。当听到赛斯和孩子开始疯玩，她就坐进自己喜欢的椅子里，播放自己最喜欢的唱片，放松身心，听一两首歌。她用不同方式进行自我认同：她注意到自己的悲伤，明白这种情绪合情合理，因为她对两人该如何抚养孩子的想法没有奏效。她也认同了要抑制批评赛斯的冲动非常困难。安妮还保持了积极的行动，包括和朋友们聚会，和赛斯两人约会，并享受这些时光。

几周过后，她成功地停止了抱怨和发牢骚，不再批评赛斯睡前和孩子玩闹的行为。她对这些成果感到自豪，但每一次赛斯犯同样的错误时，她仍旧感到大量的负性情绪，注意到自己希望他能停下来。所以她决定开始下一个步骤。

在安妮实施这些步骤的同时，赛斯则决定考虑接受安妮的健忘。赛斯想到每次安妮把钥匙、钱包、收据等东西弄丢的时候他都会批评她，但下一次她的健忘一点也没有改善。他回顾了最近的一次类似情况。当时他不得不请假回家帮安妮开车门，好让她能带着儿子雅各布去看医生。他注意到自己的情绪不仅包括工作被打断所带来的沮丧，还包括对别人如何看他的担心，以及对不得不加班补上落下的进度产生的失望。要想停止试图让安妮改变，意味着他自己需要时不时面对这种懊恼的心情。

然而，赛斯很惊讶地发现，自己如果能在工作时抽出几分钟见见安妮和孩子们，再回去工作的时候就会感到难过，因为他会想念安妮和孩子们！他留意到自己和家人分别时会感到难过，但当他满心评判（"她太自私了，真是没用"）和愤怒时往往会忽略这一点。他开始练习自我认同这些情绪，决定不再抱怨安妮的健忘，不再因为这些事而指责她。

你如果能坚持几天或几周不去专注于让对方做出改变，就会发现这件事变得容易起来，因为你已经适应了。但是，伴侣的行为可能还是或多或少地令你感到困扰。如果你已经不再受伴侣那些行为的困扰，恭喜你，你已经成功摆脱了一个坏习惯。但如果你发现伴侣的行为仍旧让你苦恼，那么你就该开始下一个步骤：了解你的改变习惯会带来哪些后果。

察觉不必要的痛苦

要充分接受伴侣的行为，你需要足够的动力。人的本能并不是被动接受，而是无尽地要求别人改变、改变、改变。在这一步，你将密切关注改变方案所需要付出的代价，了解这种不接受/不改变的状态会带来多少痛苦。

在一份日志上，你已经记下了需要努力忍受伴侣行为的情境。但忍受行为还不够，因为这些行为时不时地还会吞噬你的内心。那么倾向改变、期待改变、想要改变到底会让自己付出什么代价呢？

如果你必须抑制自己批评伴侣的冲动，就忍住抱怨和唠叨，留意整个情境过程中发生的事。无论你"容忍"伴侣行为的时间有多长，这都是一个不愉快的过程。但这事到此还没有结束。在未来的几分钟甚至几小时里，你都可能继续受到负性情绪的影响。你需要扭转你的体验，改变你和伴侣（或他人）的互动方式以及你对他们的看法。这一步的关键在于准确评估改变伴侣的愿望所导致的代价。你每天感到困扰几分钟？你的负性情绪带来了什么后果？经济学家把这种代价称作响应成本，也就是用某种特定的方式进行反馈时所需付出的代价。在我们的案例里，响应成本就是陷入改变伴侣的想法中无法自拔。那么，如果你把所耗费的精力用在其他地方，可以做些什么呢？这就是机会成本——那些因为你陷入负性情绪，由于生气、评判而失去的东西（失去了得到安宁、放松、获得亲密感、彼此相爱的机会）。

在另一份日志上，你可以记下每个让你感到悲伤、失望、沮丧或愤怒，以及那些你发现自己对这个具体目标产生评判的时刻。接下来发生了什么？你花了多长时间才把这件事忘记？你的情绪恢复平衡需要多久？响应成本是什么？机会成本是什么？

失望和愤怒的后果可能包括以下几个方面：更容易在其他问题上起冲突（你"时刻准备着"吵架）；在感情上和伴侣愈加疏离；忽略（未能觉察，未能回应，未能享受）伴侣做的其他事；你的伴侣也会更加痛苦，因为即使你不主动试图让他/她改变，他/她也能感受到你身上原因不明的负性情绪信号；你会产生更多消极的感受和痛苦；你和伴侣之间会相互猜忌。你也可能在这个基础上付出其他的代价。

如果代价不高，你可能就不会进行下一步，因为下一步的难度特别高。就好比爬山一样，山的那头风景绝好，但你如果对自己目前的处境很满意，就不一定会选择爬过这座高山，即完全接受伴侣的行为（毕竟要改变自己困难重重）。然而，如果代价很高，也许你就会有动力试试接下来的几个步骤，包括积极把伴侣的行为带入新的背景中，赋予该行为全新的含义，从而产生新的、不那么痛苦的反馈方式。

安妮写了三个星期的日志。她意识到自己过分地执着于让赛斯按自己想要的方式来做事。几乎每一天这种想法都会产生好几次，每一次都让她的负性情绪唤起显著提高。结果，她看到赛斯回家时，不再像过去那么激动；只要赛斯和女儿玩耍（无论什么时间，以什么方式），她就感到不太高兴；如果女儿不愿睡觉或难以入眠，她还是会感到火冒三丈。她发现自己特别执着地希望女儿每晚在固定的时间点上床睡觉。如果孩子在这个时间点之后还醒着，安妮就会暗暗觉得这打扰了她自己的休息。当然了，这一切想法都合乎情理，但不可否认的是，这些想法会让安妮付出代价。安妮意识到这份代价太过沉重，因此决定试着放下自己的习惯，不再强求赛斯改变在睡觉时间和孩子玩耍的行为。

赛斯则审视了自己对安妮的不耐烦所导致的代价。他回忆了自己请假帮安妮开车门的那一天，发现自己当时语气很重地对安妮大加评判和批评。他回到家的时候，安妮表现冷淡，看起来受到了伤害，两个孩子好像心情也不太好。赛斯意识到，自己离想要的结果（和安妮和平相处，家庭关系更亲密）越来越远了。在列出表单的过程中，赛斯提高了对安妮的正念，也对自己的失望之情保持正念。他对安妮的批评导致的后果严重程度之高、持续时间之长都超出了他的想象。因此，他决定试着接受安妮的一切，包括她的健忘。

放下痛苦：找到安宁，融入生活……就是现在!

很久以来，你都认为（或猜测）你的痛苦全都来自伴侣的不肯改变。但如果换个角度来看，你的痛苦也完全可以说全都来源于你执着于不可能完成的任务和不愿接受现实（即改变既不容易，又没有发生的迹象）。也许那些让你头疼的行为有着许多意义，随时欢迎你的理解，但你始终执着于最消极的一种解读方式。

再情境化伴侣的行为

改变痛苦现状的一项策略是再情境化伴侣的行为。人们对伴侣行为的解读常常陷入固定思维模式，只注意到他/她某个特定行为或特征中的消极因素。只要敞开心胸，你就可以看到全局的更多部分。你爱伴侣的哪一点？你喜欢他/她哪些方面？伴侣这些让你头疼的行为从哪些角度来说是他/她性格中不可或缺的一部分？也许这些行为还与伴侣身上受你喜欢的部分密不可分。因此，你在这里要做的是重新考虑所谓的"问题行为"：用上你的正念觉知，有意识地把该行为放在不同的情境背景下，使得这个体验的不同方面——各种真实的方面——能够凸显出来，而有问题的方面则退隐其后。换句话说，留意并关注那些过去你忽视的却至关重要的事，同时试着把注意力从问题上转移开。你要有目的地坚持用正念来控制自己的注意力方向，选择情境当中那些能给你带来想要的结果（安宁、亲密感、快乐、满足）的方面。

安妮终于注意到，赛斯是一个好爸爸，他对女儿宠爱有加，特别喜欢和她玩，无微不至地照顾她。安妮很高兴看到赛斯乐为人父，明白自己也许太执着于让赛斯当一个完美的父亲了。他作为父亲当然算不上完美，但世上哪有完美的父亲呢？她还注意到赛斯对她的爱。她拥有一位恩爱、忠诚的伴侣，他愿意在家陪伴她和孩子们。这不是很棒吗？赛斯开心地待在他们的小家里，而不是在外饮酒作乐。她之前一直都认为这一切理所当然，现在她不再这么想了。通过有目的地留意这些真实、重要的方面，那些被"扰乱"了的睡觉时间在她眼里不再是一种困扰，而是开心的夜晚，是孩子欢乐兴奋的时刻，她要做的只是多费一点点精力来帮助孩子入睡。安妮不禁开始想，为什么她之前非要揪着赛斯的这个行为不放，而且困扰不已呢？

　　赛斯也完成了最后几个步骤，练习看到情境的全貌。安妮总是对雅各布、凯拉和他关怀备至。她有时候正因为全心全意地沉浸在手上的事情中，才忽略了周围的事。她健忘的另一面恰恰是对家人细致的关怀和疼爱。她虽然有时忘带钥匙或其他东西，却把家里的其他大大小小的事情处理得井井有条。她从不忘记支付账单，总是满足雅各布和凯拉的各种需求，关心赛斯，看到他的时候也满脸喜悦（特别是当他不批评她的时候）。赛斯开始明白，他拥有一位贤妻良母，那些偶尔丢失钥匙的事不过是瑕不掩瑜的小小缺点。

在伴侣的行为中找到其他意义

　　改变痛苦现状的另一项策略是从伴侣和伴侣的生活中挖掘他／她行为的根源。考虑一下，他／她在人生中经历过哪些事，才使得现在的这些行为合乎情理。如果把这些行为放在你们的感情关系和感情问题的背景下审视，又会有什么结果？放到伴侣重视的事情中看待，这些行为又如何？就像本书前几章中找到认同方法的任务一样，你要为伴侣的行为找到合理性。

安妮知道，在赛斯成长的家庭里，家人之间关系冷淡，少有乐趣，赛斯的父母也几乎不陪他玩耍。她也明白赛斯迫切地想要给孩子们不一样的人生体验。他对孩子的这种付出正是她深爱他的一个原因。也许赛斯睡前和女儿玩闹是因为他更想让孩子开心，因此不是特别介意孩子到时间就该睡觉的规矩。也许他只是对和女儿玩这件事保持正念，只关注当下和她在一起玩的乐趣，其他事情反而显得没那么重要了。也许赛斯的这种活在当下的态度和不计较所谓亲子互动中的各种规则的行为，正是为了证明自己和父母不一样。在安妮看来，这些全新的含义都相当合理，她也终于放下了自己不接受/不改变的态度，接受了赛斯的这种行为，重新找回了她和赛斯之间的安宁和亲密感。

赛斯也放下了对安妮健忘行为的批评，从不接受/不改变的状态中走了出来。通过对妻子健忘行为的接受，他还看到了安妮身上的其他优点。他把关注点从健忘这个缺点转移到安妮的其他优点上，这不仅使两人更加亲密，也为感情生活带来了安宁与快乐。

通过类似的步骤，你可以从心里卸下这些长久以来为你带来巨大痛苦的事情。通过行动，再加上你的练习和决心，你就可以把长期以来的冲突转化为亲密。

现在，和伴侣一起投入生活中

在第 4 章和第 5 章中，本书提供了大量练习以帮助你在伴侣关系中找到舒心和快乐。现在，用你学到的各种技能，重复这些练习。你们已经成功地减少了两人之间的冲突，现在你们可以一起投入更加亲密的关系中了。

回忆那些让你精力充沛的生活场景，和伴侣一起享受这些活动：

- ■ 与他人进行社交活动和家庭活动
- ■ 一起进行休闲娱乐活动
- ■ 你对自己重视的事物有什么想法，有哪些兴趣，把它们分享给对方
- ■ 分享灵性体验和价值观
- ■ 向对方表达爱意
- ■ 性行为
- ■ 分享各自的兴趣爱好，支持对方的个人爱好
- ■ 日常活动（在屋子里或院子里的活动，以及和孩子一起进行的活动等）

小心理解中的裂痕

引发冲突的原因五花八门，但对于伴侣来说，引起冲突的往往是误解、评判和坏习惯的组合。如果你不理解或理解有误，伴侣的每一种情绪、每一个想法、每一次反应，再加上你对不理解的事情的消极反应，就会成为感情中伤人的裂痕。

还好，只要你能放下评判，你的怒气就会被好奇取代，怨怼也会变成兴趣，攻击、逃避会变成恩爱有加。放弃那些消极的习惯，留意那些你不知道的事，那些不理解的裂痕不应用消极的想法和绝望的心情来填满。你可以开口向伴侣询问，不要在心里揣测，展露你的爱和善意，收起你本能的防御和愤怒。对方是你的伴侣，你的爱人。要相信你能够养成全新的习惯，拉近两人间的距离，满足你们对理解、支持、快乐和亲密的所有要求。

关注你拥有的，忽略你没有的

生命是有限的，如果我们能真正认识到这一点，当我们问"我今天应该怎么过"这个问题的时候，它就会有完全不同的意义。你想要把生命耗费在挑三拣四、吹毛求疵上吗？你希望自己最拿手的事是批评自己的爱人吗？你希望有朝一日把这些写在自己的墓志铭上吗？

你的面前有两个选择。你可以选择把注意力集中在那些你得不到或不喜欢的事物上，并因此感到失望、妄下评判或怒火中烧。你也可以选择把注意力更多地放在自己拥有的事物上，充分享受人生。当然，如果你确实得不到想要的结果，而得到的又是你不想要的结果，那么一定要留意并认同自己。有时你确实能有效地改变自己、改变伴侣，得到更多自己想要的结果；但在绝大部分情况下，我们得到的既有自己想要的结果，也有自己不想要的结果。我们所关注的是什么，我们用什么方式去关注它们，都会对我们的情绪、满足感产生深远的影响，还会进一步影响我们的感情。有趣的是，我们越能接受自己所拥有的事物，这些事物就越容易变成我们想要的模样，那些我们不想要的部分也就越容易发生改变。

请记住，这是你的伴侣、你的爱人、你的人生，全心全意和他／她共处，不要让自己形单影只。所以，当你和伴侣在一起时，努力放下你认为事情"应该如何"的执着，欣然接受你所拥有的一切；享受彼此的感情，放下你对分歧和损失（得不到你想要的结果）的关注。记住，你对伴侣的兴趣和关注与你从伴侣那里得到的兴趣和关注成正比。你越能理解伴侣，认同伴侣，他／她就越能理解和认同你；你越能准确、体贴地表达自己，伴侣就越能准确、体贴地表达他 / 她自己；你越能欣赏伴侣、享受伴侣的爱，伴侣就越能欣赏你、享受你的爱。和深爱的人在一起能给人带来无上的安宁。

记住，这是你的伴侣、你的爱人、你的人生。好好对待你的伴侣，因为你的全部人生都托付于此。事实也正是如此。

练 习

1. 伴侣的哪些行为是你千方百计想让他/她改变却徒劳无功的？把它们列出来。

2. 练习把感情中的"问题"行为再情境化。你忽略了伴侣行为中的哪些方面？你一直认为理所当然的事有哪些？关注大背景，让那些真正重要的事情回到你关注的中心，让那些次要的事淡出你的视线。

3. 练习找到伴侣行为的其他含义。他/她的成长背景带来了哪些影响？你的伴侣看重的是什么？能否用其他方法解读这些问题行为，比如把它们看成伴侣（过去没有注意到的）某个优点的体现？

致　谢

大多数人一生中能有一位导师已属幸运，而我拥有数位良师，更是幸运至极。我的导师中，与本书的写作尤其相关的，启发我灵感的人，是我的良师、益友、同僚玛莎·莱茵汉，她对辩证行为疗法（DBT）的发展所做出的贡献毋庸置疑是过去数十年间心理治疗学界一项创新性的成就。此外，我要特别提到的还有我的前研究顾问与导师尼尔·雅各布森，他于 1999 年英年早逝。他生前在伴侣治疗、伴侣互动以及研究方法上曾给予我大量的指导，激励我将新的想法与方法大胆应用于复杂的问题。对于此二位，我虽心慕手追，仍瞠乎其后。

我要感谢我的朋友和同事佩里·霍夫曼，她数年如一日的友情和支持鼓舞着我。我们通力合作，将 DBT 应用于家庭治疗中。她不知疲倦地为众多家庭消解痛苦的精神，潜移默化地指引着我。我还要感谢许多其他同事与朋友，他们都为我对 DBT 的思索和对如何将 DBT 应用于伴侣和家庭治疗的思考添砖加瓦。他

们或为这本书中的观点提供反馈，或对相关论文和本书草稿提供
建议以及源源不断地给我以鼓励。在此，我要特别感谢的有：琳
达·迪米夫、克里斯汀·弗尔茨、安娜·卡弗、贝弗利·朗、伊
丽莎白·马尔奎斯特、里歇尔·莫恩－摩尔、亚历克·米勒、阿
斯·尼尔森、安妮塔·奥尔森、琼·鲁索、蕾妮·施耐德、道
格·斯奈德、利兹·辛普森、查理·斯文森和苏珊娜·维特霍
尔特。

在过去几年里，我十分幸运地与一群杰出的心理治疗师在
DBT 伴侣与家庭治疗所中共事。他们中的许多人都参与了本书内
容的研发，帮助完成了本书中的预实验和评估环节。我特别要感
谢的是吉尔·康普顿、凯特·艾弗森、利兹·莫斯科、贝基·帕
西拉斯、詹妮弗·赛尔斯、查德·申克和史蒂文·索普。

当然，我们对伴侣的了解大多来自伴侣自身。所以我要特别
感谢那些参与了各种研究项目的伴侣——不论是基本伴侣互动过
程研究，还是干预治疗效果评估研究。还有许多人参与了家庭关
系项目研究。该项目从领导者到参与者，都为我提供了宝贵的想
法、灵感和支持。

另外，一行禅师在正念和用理解来减轻痛苦方面的大量研究

也在很大程度上指引着我的研究工作。

我还要感谢出版社的工作人员，特别是马特·麦凯和凯瑟琳·苏特克尔，感谢他们长期以来为本书付出的心血和对本书理念的支持。还有布雷迪·卡恩，她缜密的编辑工作令我受益无穷。我为能和他们共事感到快乐。

我的家人为我写就这本书提供了一切我所需要的支持和帮助。感谢我出色的孩子们，感谢我的好妻子阿尔米达，她用永不止息的爱、热忱、聪慧与灵魂的相伴，使我的生命成为一场充实而满足的冒险。若没有她的爱与支持，我永远不可能开始，更不可能完成这本书的写作。